# GEHEIMNISSE UNSERES KÖRPERS

LENNART NILSSON

# GEHEIMNISSE UNSERES KÖRPERS

EINE FOTOGRAFISCHE ENTDECKUNGSREISE
MIT TEXTEN VON
BEATRICE FLAD-SCHNORRENBERG

HERDER FREIBURG · BASEL · WIEN

Herstellung: Freiburger Graphische Betriebe 1979
ISBN 3-451-18869-4

# INHALT

# EINLEITUNG

Es ist auf vielerlei Weisen möglich, den menschlichen Körper wahrzunehmen. Wir wissen zwar, daß er keineswegs der Mensch selbst ist, dennoch erfahren wir den Körper als einen im Sinne des Wortes „wesentlichen" Teil unserer Individualität. Wir haben eine Vorstellung von unserer Größe, von den Proportionen unserer Glieder, wir kennen unser Spiegelbild. Wir fühlen uns wohl, wenn der Körper alle seine Funktionen ungestört erfüllt, und wir empfinden Schmerzen oder Unbehagen, wenn er es nicht tut. Auch der Körper des Mitmenschen gehört vom Anfang des Lebens an zu unserer Erfahrung: die körperliche Vertrautheit zunächst mit der Mutter, später mit allen Nahestehenden, aber auch die Beunruhigung durch eine zu große körperliche Nähe fremder Personen.

Man kann den menschlichen Körper aber gewissermaßen auch in der dritten Person wahrnehmen: nicht als einen Teil des Ichs oder des Dus, sondern als „Es", als Studienobjekt. Unserer durch den Glauben an die Wissenschaft und den Fortschritt geprägten Zeit scheint es selbstverständlich, daß der menschliche Körper wie jede andere natürliche Erscheinung auch um seiner selbst willen untersucht werden kann. Doch ist das erst seit einigen Jahrhunderten so; zwar gab es die Anatomie, die Lehre vom Bau des menschlichen Körpers, schon in der Antike, und ihr Wissen wurde vom Mittelalter übernommen. Sie stand in jenen Zeiten jedoch weitgehend im Dienste der Medizin und spielte dabei eher eine untergeordnete Rolle. Krankheit wurde bis zum Beginn der Neuzeit – und damit bis zu den Anfängen der modernen Naturwissenschaft – weit mehr als eine Störung des spezifischen menschlichen, psychisch-physischen Gleichgewichtes verstanden als ein Fehlverhalten einzelner körperlicher Funktionen. Man schloß wohl aus der Sektion von Tieren – von Schweinen und Schafen zum Beispiel oder auch von Affen – auf die anatomischen Verhältnisse beim Menschen. Man hatte also durchaus eine Vorstellung von seiner Verwandtschaft mit anderen Säugetieren. Vor allem aber war der Mensch das Ebenbild Gottes, sein Leben und seine Krankheiten wurden unter diesem Aspekt betrachtet.

Erst mit dem Beginn der Renaissance erkannte man die dem menschlichen Körper eigene Schönheit. Leonardo da Vinci, einer der vielseitigsten und genialsten Männer der Zeit, schuf mit seiner Idee vom schönen Körper, „den man kennen muß“, geradezu eine „anatomische Bewegung“ und machte die Zeit reif für die nach ihm kommenden großen anatomischen Lehrer. Bahnbrechend wurde vor allem das 1543 erschienene Werk „Die sieben Bücher vom Bau des menschlichen Körpers“ des Andreas Vesalius. Es wurde im gleichen Jahr veröffentlicht wie das Buch „Über die Umläufe der Himmelskörper“ von Nikolaus Kopernikus, das die Einstellung des Menschen zur Welt und damit zu sich selbst grundlegend veränderte. Dieses zeitliche Zusammentreffen dokumentiert wie kaum etwas anderes, daß der geistige Wandel, der beim Übergang vom Mittelalter zur Neuzeit stattfand, das Entscheidende war, daß durch ihn das Studium des menschlichen Körpers überhaupt erst möglich wurde.

Die Anwendung des bereits erfundenen Mikroskops zur Untersuchung des Feinbaus der menschlichen Gewebe, seine ständige Verbesserung bis zum modernen Elektronenmikroskop, chemische Untersuchungsmethoden und – wie die Bilder dieses Buches eindringlich zeigen – auch die Nutzung der Fotografie sind sicher von großer Bedeutung. Sie erschließen auch die wohlgefügte Ordnung, die in dem für unser Auge nicht wahrnehmbaren Bereich des Körpers ebenso herrscht wie im sichtbaren, und damit neue Schönheiten. Dennoch spielen die modernen Techniken gegenüber dem großen geistigen Abenteuer, mit dem der Mensch sich selbst als ein Studienobjekt entdeckt, das in vielen Aspekten von der übrigen lebenden Welt nicht zu unterscheiden ist, eine nur untergeordnete Rolle.

Uns, denen dieses „Abenteuer“ längst zur Selbstverständlichkeit geworden ist und denen inzwischen eine Fülle von Einzelkenntnissen über den menschlichen Körper zur Verfügung steht, stellt sich heute eine neue Aufgabe; wir müssen den umgekehrten Weg gehen, nämlich von der Betrachtung des naturwissenschaftlichen Details zur Erkenntnis des Ganzen. Nur selten scheint uns aus einer anatomischen Abbildung das Bild des Menschen entgegenzutreten – vielleicht dann, wenn wir eine Hand sehen, den Teil des Körpers, der nach dem Gesicht wohl am meisten über die Individualität einer Person aussagt, oder ein Auge. Vielleicht läßt auch der Anblick des vier Monate alten, ungeborenen Kindes auf Seite 35 hinter dem Schleier der Amnionhülle das Geheimnis des Menschseins ahnen. Fast immer jedoch müssen wir die Ratio, die vor einigen hundert Jahren den Weg zur Entdeckung des menschlichen Körpers ebnete, jetzt für den umgekehrten Weg zu Hilfe rufen, nämlich zum Schluß der anatomischen Einzeldarstellung auf den ganzen Menschen, auf das besondere Geschöpf, auf das Ebenbild Gottes.

Wir stehen also unsererseits vor einem geistigen Abenteuer. Die nachfolgenden Seiten sollen ein Versuch sein, dieses Abenteuer zu bestehen.

# DIE ANFÄNGE

Vor mehr als 300 Jahren prägte der englische Arzt und Physiologe William Harvey den Satz „Omne vivum ex ovo" (Alles Lebendige stammt von einem Ei oder einem Keim). Er formulierte damit eine der grundlegenden Erkenntnisse der modernen Biologie, der Überzeugung nämlich, daß Leben immer nur aus Lebendem und nie – wie man lange annahm – aus toter Materie entstehen kann. Natürlich muß es irgendwann einmal vor Jahrmilliarden – die ersten Lebensspuren, die man heute kennt, sind etwa 4 Milliarden Jahre alt – auch Übergänge von toter zu lebender Materie gegeben haben. Darüber, wie das geschehen konnte, gibt es viele Spekulationen; sie sollen uns hier nicht interessieren. Die Ansicht, der William Harvey entgegentrat, besagte jedoch, daß nicht nur vor Urzeiten, sondern auch heute noch und immer wieder neue Lebensformen aus toter Materie entstehen können. Daß dieser Glaube an die sogenannte „Urzeugung" auch noch lange nach dem Beginn der Neuzeit weit verbreitet war, ist nicht verwunderlich. Jedermann konnte beobachten, daß Pflanzen aus der brachen Erde wuchsen, Maden aus verwesendem Fleisch schlüpften und Fliegen aus Dunghaufen; Frösche krochen aus Schlamm und Mäuse aus angehäuftem Korn. Scheinbar entstand Leben überall und immerzu spontan aus lebloser Materie.

Der Streit um die Urzeugung mutet uns heute wie ein Kuriosum an. Er enthält jedoch einen auch für uns sehr wichtigen philosophischen Kern: Es ging bei dieser Auseinandersetzung letzten Endes darum, die Urzeugung als Argument in der Kontroverse zwischen „Vitalisten" und „Mechanisten" heranzuziehen. Auf eine kurze Formel gebracht, lautet diese etwa so: Für die Anhänger der mechanistischen Auffassung gehorchen auch die Funktionen des Organismus wie die unbelebte Materie ausschließlich physikalischen und chemischen Gesetzen und sind grundsätzlich durch sie zu erklären. Der Unterschied zwischen unbelebter und belebter Materie ist nur eine Frage des Übergangs. Die vitalistische Auffassung geht dagegen immer von der Unüberbrückbarkeit zwischen toter und lebender Materie aus. Wie primitiv die Lebensform auch sei, sie unterscheidet sich immer dadurch von der unbelebten Natur, daß sie eigenen, nur den Organismen innewohnenden Gesetzen gehorcht.

Die meisten Biologen nehmen heute einen Standpunkt ein, der zwischen diesen beiden extremen Positionen liegt und höchstens stärker nach der einen oder der anderen „Seite“ tendiert. Für uns, die wir uns mit dem Menschen befassen wollen, ist die Auseinandersetzung zwischen „Vitalismus“ und „Mechanismus“ aber als Hintergrund für unsere Einstellung zum menschlichen Körper von Interesse. Sehen wir ihn als einen nur nach physikalisch-chemischen Gesetzen auf Umwelteinflüsse „Re-Agierenden“ an, oder entdecken wir ihn als den von sich aus aufgrund eigener Gesetzmäßigkeiten „Agierenden“? Diese Gesetzmäßigkeiten sind zwar auch im Laufe der Evolution, der stammesgeschichtlichen Entwicklung der Lebewesen, entstanden, haben inzwischen jedoch ihre eigene Gültigkeit erlangt. Wie verhalten wir uns also dem menschlichen Körper gegenüber, wenn es um seine Erforschung, um seine Heilung oder um etwa notwendig werdende Eingriffe geht?

Nach diesem kleinen Exkurs zu grundsätzlichen Fragen wollen wir uns jetzt mit dem Anfang des menschlichen Lebens befassen. Es beginnt in dem Augenblick, in dem die Eizelle der Mutter und die Samenzelle des Vaters miteinander verschmelzen. Eier und Samenzellen sind verschieden an Größe und Gestalt. Die Eizellen, die im Eierstock heranreifen, enthalten Nährmaterial für den später heranwachsenden Embryo und sind deshalb sehr viel größer als die Samenzellen. Diese haben die Aufgabe, die verhältnismäßig unbewegliche Eizelle aufzusuchen und sind dafür ausgerüstet. So ist der Zellkern im „Kopf“ der Samenzelle nur von einer zarten Hülle umkleidet und der Kopf selbst klein und kompakt. Ein Geißelfaden – der „Schwanz“ der Samenzelle – macht ihn lebhaft beweglich. Die Eier verschiedener Tiere und ihre Bedeutung für die Fortpflanzung kannte man schon seit Jahrtausenden. Sie sind oft sehr groß und konnten bei Vögeln oder Fischen nicht unbemerkt bleiben. Die Eier der Säugetiere, also auch die des Menschen, enthalten dagegen zwar ebenfalls Nährstoffe, doch bei weitem nicht so viele wie die aller jener Tiere, deren Jungen sich außerhalb des mütterlichen Körpers entwickeln. Das Säugetierei ist deshalb verhältnismäßig klein. Es wurde erst im Jahre 1827 von dem Zoologen Ernst von Baer entdeckt, der es aus dem Eierstock eines Hundes isolierte. Bevor man allerdings zum ersten Male die Befruchtung eines Eies durch eine Samenzelle sah, verging noch einmal ein halbes Jahrhundert. Die Zoologen Oscar und Richard Hertwig beobachteten sie in den siebziger Jahren des letzten Jahrhunderts an Seeigel-Eiern.

Auch die wesentlichen Bestandteile der Keimzelle, die Chromosomen – in den Kernen enthaltene mikroskopisch feine Fäden –, wurden erst am Ende des letzten Jahrhunderts entdeckt. Sie sind die Träger des Erbmaterials, das heißt, in ihnen liegt das „Programm“, nach dem der neue kleine Organismus seine Anlagen entwickeln und von denen später der erwachsene Mensch – mit beeinflußt durch die Verhältnisse seiner Umwelt – geprägt sein wird. Auf die Darstellung, wie die beiden Keimzellen entstehen – das Ei in den mütterlichen, die Samenzellen in den väterlichen Keimdrüsen –, bevor sie bei der Befruchtung verschmelzen, wollen wir verzichten. Beide bringen je eine Hälfte des Chromosomensatzes mit, den später alle von der befruchteten Eizelle stammenden, also alle Körperzellen haben werden. Beim Menschen hat ein Chromosomensatz immer 22 gleiche Chromosomenpaare – bei Männern wie bei Frauen. Das 23. Paar ist jedoch bei den Geschlechtern verschieden: Die

Zellen eines weiblichen Körpers enthalten zwei sogenannte X-Chromosomen, die eines männlichen dagegen ein X- und ein Y-Chromosom.

Vielleicht sollten wir uns hier die Frage stellen, ob es eigentlich selbstverständlich ist, daß man für die Entstehung eines neuen Lebewesens einen Vater und eine Mutter braucht. Für den Menschen trifft das ganz sicher zu, aber ist die Trennung der höheren Tierwelt in Männchen und Weibchen, auf die auch unsere Geschlechtlichkeit zurückgeht, nicht vielleicht nur eine Laune der Natur, die sich – denken wir an die Prachtkleider vieler werbender Tiere oder die Gesänge balzender Vögel – durchaus einige Einfälle kosten läßt? Schauen wir uns in der Biologie ein wenig um, so sehen wir, daß die geschlechtliche Fortpflanzung durchaus nicht die ursprüngliche Erfindung der Natur ist. Bei vielen niederen Tieren, wie den Einzellern, kennen wir überhaupt keine „Männchen" und „Weibchen"; sie vermehren sich dadurch, daß sie sich teilen und so aus einem Einzeller zwei werden. Andere Tiere – Quallen beispielsweise – pflanzen sich in einigen Stadien ihres Fortpflanzungszyklus durch Knospung fort; andere Tiere sind Zwitter, die beide Formen der Keimzellen haben. Die Teilung einer Art in zwei Geschlechter muß also, da die Natur sie gewissermaßen erst auf Umwegen erfunden hat, biologisch einen Sinn haben. Der Vorteil liegt offensichtlich darin, daß bei der „Kreuzbefruchtung", also der Vereinigung von Keimzellen verschiedener Individuen, ihre unterschiedlichen Erbanlagen in vielfacher Weise miteinander kombiniert werden, was, wenn immer nur die gleichen Erbanlagen von einer Einzeller-„Mutter" auf die „Töchter" weitergegeben werden, naturgemäß nicht passiert. Durch die mannigfachen Kombinationsmöglichkeiten der Erbanlagen können die Nachkommen eines Paares sehr unterschiedlich ausfallen. Im Laufe der stammesgeschichtlichen Entwicklung war das von entscheidender Bedeutung, denn die ungleichen „Geschwister" hatten unterschiedliche Überlebenschancen, und ihr Erbmaterial wurde deshalb auch unterschiedlich häufig weitergegeben. Auch die große Variationsbreite, die wir bei uns Menschen finden – von ganz groß bis ganz klein, von ganz hellhäutig bis ganz dunkelhäutig, von ganz sanft bis sehr temperamentvoll –, geht auf diese ständige Neukombination der Erbanlagen zurück. Sie läßt aus jedem Menschen ein einzelnes, mit keinem anderen identisches Individuum werden.

Von den 46 Chromosomen, die die Kerne der menschlichen Körperzellen enthalten, ist also die eine Hälfte mütterliches, die andere väterliches Erbe. Die für das „Programm", für die Vererbung, entscheidende Rolle in den Chromosomen spielen die Gene, deren biochemische Struktur 1953 durch die englisch-amerikanischen Wissenschaftler Francis Harry Crick, James Dewey Watson und Maurice Hugh Frederick Wilkins aufgeklärt werden konnte. Die drei Forscher erhielten 1962 dafür den Nobelpreis für Medizin. Wir wissen heute also, daß die Erbsubstanz der Gene, die Desoxyribonucleinsäure (DNS), aus einer Aneinanderreihung von sogenannten Nucleotiden besteht, die sich wiederum jeweils aus einem Zucker, einer Phosphorverbindung und einer Purin- oder Pyrimidinbase zusammensetzt. Es kommen in der Erb-DNS jedoch nur vier solcher Basen vor: Cytosin, Guanin, Adenin und Thymin. Diese Fachausdrücke sind für das Verständnis des Folgenden von Bedeutung.

Jeder der Nucleotidbausteine trägt eine der vier Basen, ohne daß in der Kette der Nucleotide eine bestimmte Reihenfolge eingehalten wird. Im DNS-Molekül sind zwei der Nucleotid-Ketten parallel zusammengefügt. Die Verbindung zwischen den Ketten wird durch die Basen der Nucleotide hergestellt, die – etwa wie die Sprossen einer Leiter – die Stränge zusammenhalten. Dabei verbinden sich immer nur Adenin mit Thymin und Cytosin mit Guanin. Diese Paare passen aus chemisch-physikalischen Gründen zueinander, doch sind die Basen auch von ungleicher Größe, so daß nur die Vereinigung eines kurzen mit einem langen Partner die richtige „Sprossenlänge" ergibt.

Die Information des Erbprogramms wird also auf verblüffend einfache Art weitergegeben. Die Reihenfolge der Basen in einer Gruppe von Nucleotiden ist jeweils für ein und dieselbe Erbanlage die gleiche, und eben diese Aufeinanderfolge der verschiedenen Basen gibt einer jeden Erbanlage eine spezifische Bedeutung, so wie Buchstaben oder Silben richtig zusammengesetzt einen Sinn ergeben. Jedes Gen besteht aus einer Folge von einigen Hunderten bis fast tausend Nucleotiden, die somit – entsprechend den auf dem Gen lokalisierten Erbanlagen – doch in einer sinnvollen Reihenfolge angeordnet sind.

Beim Wachsen des Körpers teilen sich die Zellen. Damit die neuen Zellen beide die gleiche Anzahl von Chromosomen haben, müssen sich diese vor der Zellteilung – ein Vorgang, der auch als Mitose bezeichnet wird – verdoppeln. Eine solche Verdoppelung erfolgt in ähnlicher Weise wie die Herstellung identischer Formen durch Matrizen. In der Doppelkette des DNS-Moleküls lösen sich die Bindungen zwischen den einander gegenüberstehenden Basen. Die getrennten Ketten ergänzen sich wieder zu Doppelketten, indem sich jede Base mit einer zu ihr passenden zusammenschließt, die sie aus dem im Substrat der Zelle vorhandenen „Vorrat" an „Ersatzbausteinen" entnimmt. Dadurch gehen aus der Doppelkette eines DNS-Moleküls zwei hervor, die einander vollkommen gleichen, vor allem – und das ist entscheidend – in der Reihenfolge der Basenpaare. Die sich gleichbleibende Reihenfolge der vier „Buchstaben" des genetischen Codes ist die Basis für die Weitergabe der Erbanlagen von Vater und Mutter auf die nächste Generation.

Sie ist das „Konstante" in dem, was die Entwicklung und das spätere Erscheinungsbild eines Organismus bestimmt. Daß beides keineswegs von dem ererbten „Programm" in den Genen allein abhängt, beweist uns sie alltägliche Beobachtung, daß Pflanzen, die aus dem Samen derselben Mutterpflanze stammen, sich je nachdem, ob sie in kargem oder nährstoffreichem Boden wachsen, ganz unterschiedlich entwickeln können. Auch der Organismus von Tieren – und damit natürlich auch der des Menschen – hat die im Erbmaterial stehende Information gewissermaßen nur als „Kochbuch" mitbekommen. Welche Zutaten ihm zur Verfügung stehen und wie er die „Rezepte" verwendet, hängt von vielen Variablen ab.

Man weiß bisher noch nicht einmal, wie die Information in den Genen eigentlich „abgelesen" wird. Festgelegt ist die Bildung von Enzymen, das heißt von Eiweißstoffen, die mit anderen Substanzen in Reaktion treten und dadurch die für die Gewebe des Körpers notwendigen Zellbestandteile aufbauen. Dementsprechend werden in den verschiedenen Zellen zu einer bestimmten Zeit immer nur einige aus dem ganzen Angebot der Informationen, die jede Zelle in ihrem Chromosomensatz mitbringt, benötigt. Wie gelingt es ihr aber, im richtigen Augenblick die angemessene Information „abzurufen"? Wir stehen hier vorläufig noch vor einem Rätsel. In sehr großen, mikroskopisch gut zu beobachtenden Chromosomen – z. B. in den Speicheldrüsen einer Mückenart – konnte man beobachten, daß sich immer dann die Stellen an den Chromosomen verdickten und sog. „Puffs" bildeten, wenn die Gene, die an diesen Stellen lagen, aktiv waren, also ganz bestimmte Eiweißstoffe gebildet wurden. Diese Beobachtung gibt einen Hinweis darauf, daß offenbar tatsächlich eine Auswahl beim „Abrufen" der Erbinformation getroffen wird. Darüber, welche Kräfte dafür verantwortlich sind und warum sie gerade in jenem Augenblick der Beobachtung aktiv wurden, gibt sie keine Auskunft.

Wir können nur eines mit Sicherheit sagen: So wichtig die „konstante Komponente", die Erbinformation, für die Entstehung eines Organismus auch ist, sie wird im Laufe der Entwicklung durch die verschiedensten Regelprozesse und Wechselwirkungen der Erbanlagen untereinander, aber auch im Austausch mit der Umwelt auf vielfältigste Weise variiert.

Selbstverständlich setzt jede Veränderung in der Erbinformation – die immer dann eintritt, wenn die sonst gleichbleibende Reihenfolge der vier „Buchstaben" des genetischen Codes für eine bestimmte Erbanlage gestört wird – neue Möglichkeiten, aber auch neue Grenzen für die Variabilität der betroffenen Organismen. Diese Änderungen an den Genen, sog. „Mutationen", spielen eine große Rolle bei der Veränderung der Organismen und damit für ihre Überlebenschancen. Charles Darwin erkannte diesen Zusammenhang zwischen dem Auftreten veränderter Organismen und der stammesgeschichtlichen Entwicklung und legte damit die Grundlage zu seiner Selektionstheorie – lange bevor man etwas von Chromosomen und Genen wußte. Die Aufklärung ihres biochemischen Baus – zweifellos eine der bemerkenswertesten Entdeckungen der letzten Jahrzehnte – faszinierte die Wissenschaft dann so sehr, daß man meinte, damit den Schlüssel zu allen Lebensvorgängen in der Hand zu haben.

1970 veröffentlichte der französische Nobelpreisträger Jacques Monod, der selbst über die Molekularbiologie der Gene gearbeitet hatte, sein Buch „Zufall und Notwendigkeit", in dem er die vom Zufall abhängige Veränderung des Erbmaterials als die entscheidende, die Welt gestaltende Kraft ansah. Die begeisterte Aufnahme, die das Buch fand, bewies, daß das Denken in einfachen Ursache-Wirkung-Beziehungen, wie sie uns aus der Chemie und Physik geläufig sind, die in unserer von der Technik bestimmten Zeit vorherrschende Betrachtungsweise ist. Sie reicht für die Beschäftigung mit biologischen Vorgängen jedoch nicht aus.

Die Evolution, die stammesgeschichtliche Entwicklung, ist, genauso wie die Entwicklung des individuellen Organismus, ein Vorgang mit vielfältig vernetzten Ursachen und Abläufen. Ihr „Motor" ist zwar die „eingebaute Veränderlichkeit" der Lebewesen, die durch Mutationen und Rekombinationen der Gene – denken wir an das, was wir über den Vorteil der geschlechtlichen Fortpflanzung sagten – bedingt ist. Die Entwicklung ist jedoch strengen

Rahmenbedingungen unterworfen. Einmal im Laufe der Stammesgeschichte zu einer bestimmten Form entwickelt, hat jeder Organismus eine ihm eigene besondere Konstruktion, die ebenso Variationsmöglichkeiten in sich birgt, wie sie Grenzen hat. Sie läßt Änderungen an der Gesamtgestalt des Lebewesens nur in kontrollierter Weise zu. Dem Zufall sind durchaus Grenzen gesetzt. So können durch Veränderungen im Erbmaterial auch Fehlbildungen entstehen, die zum Tode führen – sei es vor oder nach der Geburt. Sie sind Beispiele für Veränderungen, die nicht möglich sind, weil das „System" Organismus mit ihnen nicht funktionieren kann.

Hier liegt auch eine der zu wenig beachteten Gefahren der Gen-Manipulation, von der in letzter Zeit so viel die Rede ist. Eine Veränderung der Erbsubstanz, wie sie die Gen-Chirurgie zum Ziele hat, liegt zwar für den menschlichen Organismus noch in weiter Ferne. An Bakterien ist jedoch der Einbau von Säugetier-Genen in das Erbmaterial bereits gelungen. Zwischen einem solchen Eingriff und allen „Manipulationen" an Tieren und Pflanzen, die die Menschheitsgeschichte bisher kannte – wie Züchtungen oder Pfropfungen –, besteht aber ein fundamentaler Unterschied. Die herkömmlichen Züchtungen spielen sich immer in dem geschilderten Spannungsfeld von Konstanz und Variabilität ab, das jeder Art ihre Existenz überhaupt ermöglicht. Mit der Gen-Manipulation werden die Grenzen dieses Spannungsfeldes dagegen durchbrochen, und in sehr vielen Fällen wird damit vermutlich eine vom Organismus untragbare Störung im Wechselspiel der verschiedenen Lebensfaktoren hervorgerufen.

# EIN KIND ENTSTEHT

Doch kehren wir jetzt zur Entwicklung des befruchteten Eies zurück – zum Anfang eines neuen menschlichen Lebens. Die Verschmelzung von Ei und Samenzelle findet im Eileiter statt. Auch die ersten drei Tage danach lebt das befruchtete Ei noch dort, obwohl die erste Zellteilung bereits 40-50 Stunden nach der Befruchtung stattgefunden, die Entwicklung also begonnen hat. Die Zahl der sich immer wieder teilenden Zellen nimmt rasch zu, während das in der Fachsprache jetzt als „Blastocyst" bezeichnete „Ei" durch den Eileiter in die Gebärmutter wandert. Am vierten Tag besteht der Blastocyst bereits aus mehr als 100 Zellen. Er hat allerdings an Größe nicht zugenommen und lebt zunächst von dem, was er an Zellsubstanz vom Ei mitbekommen hat. Erst wenn er sich jetzt an die Schleimhaut der Gebärmutter anlegt, beginnt er auch aus dieser Nahrung aufzunehmen und größer zu werden.

Mit der Nahrungsaufnahme aus dem mütterlichen Gewebe – dessen Zellen dadurch zugrunde gehen – saugt sich der Keim mehr und mehr in die Schleimhaut der Gebärmutter ein. Sie wird durch Hormone – chemische Botenstoffe –, die in den Bläschen gebildet werden, aus denen das Ei stammt, zu einem lebhaften Wachstum angeregt und somit auf ihre zukünftige Aufgabe vorbereitet. Am Anfang der zweiten Schwangerschaftswoche ist der Blastocyst in die Gebärmutterschleimhaut eingebettet, er ist „implantiert". Während der Keim heranwächst, bildet er eine äußere Hülle, die sich mit wurzelähnlichen Fortsätzen in der Gebärmutterschleimhaut verankert. Es kommt zu einer dicken Verfilzung zwischen diesen Fortsätzen und dem mütterlichen Gewebe, und es bildet sich der scheibenförmige Mutterkuchen, die Placenta. In ihr sind die Wurzelfortsätze des Keimlings nur durch ganz dünne Gewebehäutchen von den Gefäßen der mütterlichen Schleimhaut getrennt. Es kann also ein lebhafter Stoffaustausch stattfinden, durch den die Mutter das heranwachsende Kind ernährt.

Doch wie wird aus dem für unser Auge kaum wahrnehmbaren „Zellhaufen" von etwa einem Zehntel Millimeter Durchmesser, den der Blastocyst bei der Anlagerung an die mütterliche Schleimhaut hat, ein Kind aus Fleisch und Blut, aus Knochen, Haut und Bindegeweben, mit Armen und Beinen, mit einem Köpfchen, Ohren, Nase und Augen? Wir sehen ein, daß sich die scheinbar zunächst noch undifferenzierten Zellen des Blastocysten in irgendeiner Weise ordnen müssen, damit aus ihnen die später so unterschiedlichen Gewebe und Organe hervorgehen können. Tatsächlich lassen sich im zeitlichen Ablauf der Entwicklung grob drei Abschnitte unterscheiden. In dem ersten wird die Zahl der Zellen vermehrt. Im zweiten werden diese durch Faltungen und Einstülpungen der Zellschichten zu den Keimblättern geordnet, dem äußeren, dem inneren und dem mittleren Keimblatt oder dem Ektoderm, Entoderm und Mesoderm, wie sie in der Fachsprache heißen. Aus ihnen bilden sich später jeweils ganz bestimmte Gewebe und Organanlagen. So entstehen aus dem inneren Keimblatt später der Darm, aus dem äußeren die Haut, aber auch das Gehirn, das Rückenmark und die Sinnesorgane. Aus dem mittleren Keimblatt bilden sich die Muskulatur, das Skelett und das Bindegewebe. Wir werden dieser „Verwandtschaft der Herkunft nach", die die verschiedenen Organe miteinander besitzen, später noch häufiger begegnen, wenn wir ihren Bau und ihre Funktion näher betrachten.

Ist die „Grundordnung" der Keimblätter erst einmal hergestellt, so beginnen sich die Organe und Glieder zu bilden und heranzuwachsen. Erst wenn dieser dritte Abschnitt der Entwicklung begonnen hat – etwa am Anfang der vierten Schwangerschaftswoche –, sprechen wir vom menschlichen Keimling als einem Embryo.

Den eben geschilderten Ablauf der Entwicklungsphasen hat der menschliche Keimling mit denen anderer Tiere gemeinsam. Vor allem aber bemerken wir, wenn wir die Bilder von menschlichen Embryonen mit denen anderer Wirbeltiere vergleichen – mit dem eines Molches etwa, eines Hühnchens oder eines Hundes –, daß sie sich am Anfang sehr ähneln und daß in unserer allerfrühesten Entwicklung offenbar noch eine ganze Reihe von Merkmalen zu beobachten ist, die an unsere tierischen Vorfahren erinnern. Eines der auffallendsten sind zweifellos die Kiemenspalten, die für uns durch die Lungen atmenden Menschen später keinerlei Bedeutung mehr haben, beim menschlichen Keimling aber noch angelegt sind. Wir haben sie von unseren fischähnlichen, mit Kiemen atmenden Vorfahren übernommen.

Diese Ähnlichkeit der Wirbeltierembryonen hat – so selbstverständlich sie uns heute auch erscheinen mag – einmal eine große Rolle in der weltanschaulichen Auseinandersetzung gespielt, die im letzten Jahrhundert um die Lehre Charles Darwins geführt wurde. Der Jenaer Zoologe Ernst Haeckel, der sie in Deutschland mit großem Enthusiasmus vertrat, faßte in dem sog. „Biogenetischen Grundgesetz" zusammen, was andere Wissenschaftler des 19. Jahrhunderts schon mehr oder weniger deutlich erkannt hatten, nämlich daß die Ontogenie eine Rekapitulation der Phylogenie sei: „Das organische Individuum", so schrieb er, „wiederholt während des raschen und kurzen Laufes seiner individuellen Entwicklung die wichtigsten von denjenigen Formveränderungen, welche seine Voreltern während des langsamen und langen Laufes ihrer paläontologischen Entwicklung nach den Gesetzen der Vererbung und Anpassung durchlaufen haben."

Haeckel hat bei der Verteidigung dieses „Gesetzes" und mit den dafür herangezogenen Argumenten die Grenze zwischen Hypothese und wissenschaftlicher Erkenntnis nicht immer streng genug beachtet. Der erbitterte Kampf, den er führte, hatte für ihn grundsätzliche Bedeutung und kann – wenn man von Haeckels Temperament absieht – wohl nur auf dem Hintergrund der weltanschaulichen Auseinandersetzungen jener Zeit verstanden werden. Heute spricht die Biologie lieber von einer „Regel“ als von einem Gesetz, die selbst nur beschränkte Gültigkeit hat: Der Embryo einer Tierform ist nämlich nie einer anderen Tierform gleich, sondern ähnelt nur ihrem Embryo; schon jedes Ei weist Züge auf, die nur für seine Art charakteristisch sind.

Der Mensch, die zoologische Art „Homo sapiens“, unterscheidet sich in einer Hinsicht grundlegend von allen anderen Tierarten, nämlich darin, daß er ein geistiges Wesen ist. Wenn man auch bei einem Neugeborenen noch nicht viel von dieser Geistigkeit merkt, so ist doch bereits seine embryonale Entwicklung auf diese Besonderheit des heranwachsenden und des erwachsenen Menschen angelegt. Der Basler Zoologe Adolf Portmann hat vor einigen Jahrzehnten dargelegt, daß der neugeborene Mensch in seiner Hilflosigkeit in Gestalt und Verhalten an den besonderer Brutpflege bedürftigen Geburtszustand des „Nesthockers“ erinnert. Dieser Jugendzustand ist bei Säugetieren jedoch sonst nur bei primitiven Formen anzutreffen, während alle besonders hoch entwickelten Säuger, wie Huftiere, Robben, Wale und Affen, als „Nestflüchter“ gut ausgeformt und dem Erwachsenenzustand ähnlich zur Welt kommen. Der Grund für diese Eigenart des Menschenkindes liegt, wie Portmann folgerte, darin, daß der Mensch die entscheidenden Entwicklungsphasen seines menschlichen, weltoffenen Verhaltens in Wechselwirkung von psychischen und körperlichen Vorgängen außerhalb des Mutterleibes erlebt. Kinderärzte und Neurologen haben inzwischen festgestellt, daß das kindliche Gehirn erst nach dem zweiten Lebensjahr voll ausgebildet ist, eine wissenschaftliche Erkenntnis, die Adolf Portmanns Vorstellung von der „Besonderheit“ des Menschenkindes und der Bedeutung seines – wie Portmann es nannte – „extrauterinen“ Entwicklungsabschnittes bestätigt.

# DIE BAUSTEINE

Nehmen wir an, das Kind, dessen Entwicklung im Mutterleib wir im letzten Kapitel verfolgt haben, ist nun zur Welt gekommen. Es liegt vor uns, ein kleines, in Windeln verpacktes Bündel und doch schon ein ganzer Mensch. Wir sehen seine Haut, die kleinen Finger, deren Bewegungen das Spiel von Knochen und Sehnen verraten, den Flaum der ersten Haare, die zart gespannte Haut des Mundes und das in seiner Konsistenz so anders als alle anderen Körperteile wirkende Auge. Sind alle diese Gewebe tatsächlich aus der einen Keimzelle entstanden? Stammen sie wirklich aus nur drei Keimblättern? Wo sollen wir hier die „Verwandtschaft der Herkunft nach", von der wir sprachen, noch finden? Die Tatsache allerdings, daß wir bei unserer Frage das Wort „Gewebe" benutzten, zeigt, daß wir bereits stärker mit dem Gedankengut der modernen Biologie leben, als uns das selbst bewußt ist. Die Erkenntnis nämlich, daß die Eigenschaften der Organe nicht so sehr von ihrer Form, als vielmehr durch die Natur und die Eigenart der Gewebe, aus denen sie aufgebaut sind, bestimmt werden, ist erst knapp 200 Jahre alt. Sie stammt von dem französischen Arzt Marie François Xaver Bichat, der von 1771 bis 1802 lebte. Er hatte – noch ohne Mikroskop – verschiedene Organe untersucht und unterschied im menschlichen Körper 21 homogene Elementarbestandteile, die er Gewebe nannte (beispielsweise Knochen, Knorpel oder Muskel). Die überaus verschiedenen Körperteile oder Organe sind somit aus einer nur verhältnismäßig kleinen Zahl unterschiedlicher Gewebe aufgebaut. Dabei stellen – wie Bichat bemerkte – mehrere Organe in sich geschlossene Organsysteme dar, wie der Atmungs- oder der Verdauungsapparat. Sie sind auch bei den verschiedenen Arten der Tiere aus den verhältnismäßig wenigen, am Menschen beschriebenen Gewebstypen gebildet. Die einzelnen Gewebe weichen also von Tierart zu Tierart nicht so grundlegend voneinander ab, wie sich die gesamten Organismen in ihrer Erscheinung voneinander unterscheiden.

Bichat hat damit einen wesentlichen Schritt zur Entdeckung der Gemeinsamkeiten getan, die die Lebewesen in Feinbau und Organisation aufweisen. Daß die Übereinstimmung, zumindest was die Elementarbausteine, die Zellen, betrifft, noch weitergeht, nämlich, daß auch

Pflanzen und Tiere im Bau der Zellen wesentliche Gemeinsamkeiten haben, wurde allerdings erst entdeckt, als das schon im 17. Jahrhundert entwickelte Mikroskop so verfeinert worden war, daß es ein gründlicheres Studium der Struktur und erste genaue Untersuchungen über die Vorgänge in der Zelle erlaubte. Dabei wurde klar, daß die Zelle ein selbständig lebendes Gebilde ist, das sich ernährt und die Nahrung verarbeitet. Aufgrund solcher Beobachtungen entwarf der Botaniker Matthias Schleiden im Jahre 1838 die Theorie, daß sich jede Pflanze aus einer Zelle entwickelt habe und aus Zellen zusammengesetzt sei. Bereits ein Jahr danach übertrug der Anatom Theodor Schwann Schleidens Zellenlehre auf das Tierreich. Wenn auch viele andere Forscher ihren Anteil an der Erkenntnis vom Wesen und der Bedeutung der Zelle als kleinster Lebenseinheit haben, die sog. „Schwann-Schleidensche-Zelltheorie", die mit der Evolutionstheorie Darwins eine Grundlage der modernen Biologie ist, trägt heute sicher nicht zu Unrecht die Namen dieser beiden Wissenschaftler.

Seit der Geburt der Zelltheorie sind fast anderthalb Jahrhunderte vergangen, Jahrzehnte, in denen die biologische Wissenschaft eine explosionsartige Entwicklung erlebte. Mit den bis zur Elektronenmikroskopie verbesserten mikroskopischen und neuen biochemischen Untersuchungsmethoden hat man immer mehr vom Bau und von den Funktionen der Zelle aufklären können. Nun ließen sich auch Teilchen, die das Ausmaß von großen Molekülen haben, sichtbar machen, und man fand, daß das Protoplasma der Zelle – der bisher kleinsten bekannten Einheit des Lebendigen – wiederum aus einer Fülle kleiner, jedoch hochorganisierter Strukturen besteht, die man Organellen nennt.

Die größten dieser „Miniatur-Organe" sind die Mitochondrien. Bei ihnen handelt es sich um von einer doppelten Membran umgebene, im Inneren reich gegliederte Organellen, die die eigentlichen „Kraftwerke" der Zelle sind. In ihnen wird die für den Zellstoffwechsel benötigte Energie dadurch bereitgestellt, daß die in verschiedenen chemischen Verbindungen enthaltene in kleine „Energieportionen" umgewandelt wird, die für den Organismus leicht verwertbar sind. Die Eiweißsynthese, für die ein Teil der von den Mitochondrien bereitgestellten Energie gebraucht wird, erfolgt an kleinen, annähernd kugelförmigen Partikeln, den Ribosomen. Nur in Pflanzenzellen findet man außerdem die meist linsenförmigen Chloroplasten, grüne Organellen, die mit lichtabsorbierenden Pigmenten, den Chlorophyllen, gefüllt sind. Sie vermögen Sonnenenergie aufzunehmen und die Lichtenergie in chemische Energie umzuwandeln. Dabei werden Kohlenhydrate aus Wasser und Kohlendioxid aufgebaut. Diese Reaktion ist zweifellos die wichtigste der Erde, denn sie ermöglicht die Entwicklung der Pflanzen. Sie ist somit die Grundlage für jeden anderen Organismus, da auch tierische Substanz auf der Existenz von Pflanzen beruht. Gesteuert werden all diese Stoffwechselvorgänge vom Zellkern, in dem – wie wir bereits sahen – die Chromosomen mit der die Synthese der benötigten Enzyme bestimmenden genetischen Information enthalten sind. Die ganze Zelle wird von einer Doppelmembran umgeben, die vor allem aus Lipid- und Eiweißmolekülen aufgebaut ist.

So wie der kleine „Mikrokosmos" Zelle hier geschildert wird, müßte er eigentlich ein

Eigenleben führen können. Woran liegt es also, daß einzelne Gewebestücke, wenn sie – z. B. bei einer Operation – vom Körper entfernt werden, absterben?

Es gibt tatsächlich Zellen, die allein leben können. Auf die Züchtung einzelner Zellen in den Nährmedien sog. Gewebekulturen wollen wir dabei nicht eingehen. Sie spielen zwar in der biomedizinischen Forschung eine große Rolle, überleben aber in einer künstlich geschaffenen Situation, so daß sie uns in unseren Überlegungen nicht weiterhelfen. Wichtig ist in unserem Zusammenhang vielmehr, daß die Einzelligkeit offenbar von der Natur früher erfunden wurde als die Vielzelligkeit: Am Anfang der Entwicklung sowohl zu tierischem als auch zu pflanzlichem Leben stehen die Einzeller, im Falle der Tiere die Protozoen. Zu ihnen gehört das Wechseltierchen, die Amöbe, und eine Reihe von Krankheitserregern wie die der Malaria oder der Schlafkrankheit. Diese „Miniatur-Tierchen" können eigentlich alles, was man von einem selbständigen Organismus erwartet. Sie nehmen Nahrung auf, wachsen, indem sie die daraus entnommenen Nährstoffe in Eiweiß umsetzen, sie bewegen sich, und einige von ihnen, beispielsweise die Pantoffeltierchen, können sogar auf einfache Reize wie Temperaturveränderungen reagieren. Diese einzige Zelle des „Einzellers" ist „autark", etwa so, wie es ein Bauer in der frühesten Zeit unserer Menschheitsgeschichte war. Je mehr sich Kultur und Zivilisation entwickelten, desto stärker wurden die verschiedenen Arbeiten auf einzelne Berufe verteilt bis hin zu unserer hochspezialisierten Gesellschaft, in der der Betrieb einer Stadt zusammenbrechen kann, wenn ein Berufszweig plötzlich die Arbeit niederlegt.

Bei der Entwicklung vom einzelligen zum mehrzelligen Tier, an deren Ende wir unser eigentliches Studienobjekt, den Menschen, annehmen wollen, hat eine ähnliche Spezialisierung stattgefunden. Zwar laufen immer noch in allen Zellen des Körpers Stoffwechsel- und Wachstumsprozesse ab, doch die Ernährung des Gesamtorganismus ist abhängig von der Funktion bestimmter Organe. Die Gewebe, aus denen sie aufgebaut sind, finden wir ganz auf die Aufgabe ausgerichtet, die das Organ zu erfüllen hat.

So spielen beim Menschen bei der Aufnahme und der Verarbeitung der Nahrung zunächst einmal die sie zum Mund führende Hand und der Arm eine Rolle. Sie bestehen aus den stützenden Knochen und Knorpeln, aus der Muskulatur, die die Bewegung ermöglicht, und den Nerven, die sie steuern. Die alles umgebende Haut schützt die Glieder vor den Einflüssen der Umwelt und gewährleistet den Austausch mit ihr. Gelangt die Nahrung in den Mund, wird sie von den Geschmackssinnesorganen geprüft und von den Zähnen zerkleinert. Die Sekretion der Speicheldrüsen leitet den chemischen Abbauvorgang ein, der im Magen und im Darm fortgesetzt wird; Leber und Niere tragen zur endgültigen Verarbeitung der abgebauten chemischen Stoffe und zur Ausscheidung der „Rückstände" bei.

Wie diese Organe ihre Aufgabe erfüllen, wird uns in den nächsten Kapiteln beschäftigen. Daß, entsprechend den unterschiedlichen Anforderungen, die an sie gestellt werden, bei den verschiedenen Organen jeweils andere Eigenschaften des ursprünglichen „Modells" Zelle besonders ausgeprägt sein müssen, liegt auf der Hand. Stützendes Gewebe, wie das der Knochen, muß vor allem fest sein, was durch Kalkeinlagerungen in den hier verhältnismäßig großen Räumen zwischen den Zellen bewirkt wird; die Zellen einer „chemischen" Fabrik, wie der Leber, sind dagegen hochspezialisiert auf Stoffwechselvorgänge.

Sehen wir uns die zunächst so vielfältig erscheinende Spezialisierung der Gewebe näher an, so entdecken wir, daß dabei doch eine gewisse Ordnung herrscht. Man kann nämlich alle Gewebe in vier Grundformen einteilen:

1. Die Deck- oder Epithelgewebe. Sie begrenzen äußere Oberflächen und innere Hohlräume, wie die Oberhaut unseres Körpers oder die Schleimhäute des Mundes. Spezialisierte Epithelzellen sind Drüsenzellen.
2. Die Bindegewebe. Sie dienen dazu, andere Gewebe zusammenzuhalten, und bilden ein Rahmengerüst, in dem Blut- und Lymphgefäße sowie die Nerven verlaufen. Beim Bindegewebe nimmt die Interzellularmasse einen großen Raum ein. Hier finden sich zwischen den Zellen oft stützende oder festigende Einlagerungen; das sind Fasern aus den Eiweißstoffen Kollagen oder Elastin im sog. fibrillären Bindegewebe, andere Proteine und Polysaccharide – hochmolekulare Zucker – im Knorpel und, wie wir bereits sahen, Kalziumsalze im Knochen. Auch das Blut wird oft als Bindegewebe bezeichnet, obwohl seine Zellen keinen Gewebeverband bilden.
3. Die Muskelgewebe, von denen es wiederum drei Haupttypen gibt: die Skelettmuskulatur, die willkürlich bewegt wird, und die Herzmuskulatur, die ohne unser Bewußtsein, das heißt ohne unseren Willen, arbeitet und deshalb als „unwillkürliche" Muskulatur bezeichnet wird. Beide zeigen unter dem Mikroskop ein quergestreiftes Muster, das durch die Kombination zweier Eiweißstoffe mit einer unterschiedlichen Infrastruktur entsteht. Als dritten Muskeltyp kennen wir die sog. glatte Muskulatur, beispielsweise die des Darmes, die das quergestreifte Muster nicht hat und ebenfalls unwillkürlich arbeitet. Das heißt, wir merken nichts von ihrer Funktion, solange sie „ordnungsgemäß" ihre Aufgabe erfüllt. Erst wenn Störungen auftreten, machen sie sich durch Schmerzen oder andere Erscheinungen unliebsam bemerkbar.
4. Die Nervengewebe. Zu ihnen gehören die reizleitenden Nervenzellen, deren Äste sehr lang werden können, und die Sinneszellen in den der Wahrnehmung dienenden Organen, wie Auge und Ohr, aber auch im Mund, in der Haut und im Inneren des Körpers.

Betrachten wir diese Einteilung der Gewebe, so schließt sich für uns der Kreis zu der Frage nach ihrer Herkunft aus den drei Keimblättern. Wir finden die „Ordnung" in den Gewebeformen nämlich weitgehend in dieser Herkunft begründet: Aus dem Ektoderm oder dem äußeren Keimblatt des frühen Embryos gehen die Oberhaut mit ihren Drüsen und das Nervengewebe hervor; das Entoderm oder innere Keimblatt liefert das sezernierende und resorbierende Darmepithel mit den Anhangdrüsen – beispielsweise der Leber –, das Mesoderm die Bindegewebe, die Muskeln und die Ausscheidungsorgane.

# DAS KNOCHENGERÜST – STÜTZE UND SCHUTZ

Im Jahre 1726 wurde dem seit langer Zeit nach Spuren der Sintflut suchenden Zürcher Arzt und Chorherrn Johann Jakob Scheuchzer die Versteinerung eines merkwürdigen Skelettes gebracht. Es hatte etwa die Größe eines Kindes, einen breiten Schädel und 12 Rückenwirbel; man sah die Reste von Händen und die Ansätze eines Beckens. Scheuchzer „identifizierte" es als das „Beingerüst eines in der Sündflut ertrunkenen Menschen". Heute erscheint uns diese Deutung als ein Kuriosum, denn in den mehr als 200 Jahren seit der „arme Sünder" gefunden wurde, ist eine Fülle von Knochen – oder ihren Versteinerungen – richtiger menschlicher Vorfahren geborgen worden, so daß wir heute wesentlich besser über die Vorgeschichte des Menschen Bescheid wissen. Doch schon Georges Cuvier, der von 1769 bis 1832 lebende bedeutende französische Naturforscher hatte erkannt, daß es sich bei dem „Beingerüst" um die Reste eines Riesensalamanders handelte, der allerdings dann doch zu Ehren seines Entdeckers den Namen „Andrias scheuchzeri" erhielt.

Diese wissenschaftsgeschichtliche Episode bietet unseren Überlegungen über die menschliche Gestalt und über das sie weitgehend bestimmende Gerüst, das Skelett, einige wichtige Ansatzpunkte. Warum, so taucht zunächst die Frage auf, konnte Scheuchzer den Riesensalamander mit einem zwar vorsintflutlichen Menschen, aber doch immerhin einem Menschen „verwechseln"? Wir haben einige Merkmale, die zu diesem Irrtum führten, bereits aufgezählt: der Schädel, die Wirbel, die Reste der Hand und des Beckens. Und denken wir außerdem noch einmal daran, was wir in Zusammenhang mit der embryonalen Entwicklung über die Beziehung zu den uns verwandten Formen sagten, nämlich daß in unserer allerfrühsten Entwicklung auch eine ganze Reihe von Merkmalen zu beobachten sind, die wir mit unseren tierischen Vorfahren, die irgendwann einmal einem Fisch oder einem Salamander glichen, gemeinsam haben.

Wir können aus der Verwechslungsgeschichte mit dem „Beingerüst" des Riesensalamanders also drei wesentliche Schlüsse ziehen: Erstens ist es offenbar das Skelett, das am ehesten Auskunft über die Gestalt des Tieres oder des Menschen, zu dem es einmal gehört hatte, geben kann. Aus dem Vorhandensein von Schädel, Wirbelsäule, Hand und Becken schloß

Scheuchzer auf ein Lebewesen mit einem Kopf, einem gestreckten Körper und vier Extremitäten, wie sie auch der Mensch hat. Von den zahlreichen mittelalterlichen Darstellungen des Totentanzes, auf denen der Tod in der Gestalt eines Gerippes Jung und Alt, Arm und Reich „zum Reigen" holt, wissen wir, daß man mit der Zeichnung eines Knochengerüstes durchaus menschliche Bewegungen und Verhaltensweisen wiedergeben kann. Die Polarität von Lebendigsein und Vergänglichkeit, die diese Bilder ausdrücken wollen, wird durch die auf sein „Gerüst" reduzierte Gestalt des Menschen besonders deutlich. Auch eine der Eigenschaften, in der wir Menschen uns grundlegend vom Tier unterscheiden, nämlich der aufrechte Gang, läßt sich an keinem anderen Teil unseres Körpers so gut ablesen wie an unserem Skelett.

Das Zweite, was wir aus dem Salamander-Fund schließen können, ist, daß die Knochen die härtesten Gewebe des Wirbeltierkörpers sind. Ihre Form ist das einzige, was von dem Riesenmolch in den Millionen von Jahren, während denen er in der Erde lag, übriggeblieben ist. Ihre Härte verdanken die Knochen, wie wir bereits feststellten, den Kalziumsalzen in den Räumen zwischen den Zellen, die das eigentliche Knochengewebe ausmachen. Es wäre als Bindegewebe ohne diese Kalkeinlagerungen in hohem Maße elastisch. Löst man z. B. mit verdünnter Salzsäure den Kalk aus den Knochen, so bleibt zwar seine Form erhalten, doch man kann ihn nun beliebig biegen. Beide Eigenschaften – die Härte und die Elastizität – sind für den Knochen in gleicher Weise wichtig: Wäre er nicht hart genug, so könnten beispielsweise die Beine den Körper nicht tragen; Ober- und Unterschenkel würden durch sein Gewicht verbogen. Für eine früher häufiger vorkommende Kinderkrankheit, die Rachitis, bei der als Mangelerscheinung die Knochen während des Wachstums nicht genügend Kalk bekommen, sind die gebogenen Beine ein charakteristisches Symptom. Wäre der Knochen dagegen nicht elastisch genug, würden wir uns schon beim kleinsten Sturz Arme und Beine brechen, wie das manchmal bei alten Menschen geschieht, bei denen der Bindegewebsanteil der Knochen bereits geschrumpft ist. Der Knochen ist von der Knochenhaut, dem sog. Periost, überzogen. Sie dient seiner Ernährung und der nervösen Versorgung. Da sie gleichzeitig die Fähigkeit besitzt, Knochengewebe zu bilden, hat sie einen wesentlichen Anteil am Wachstum und an der Heilung der Knochen.

Der zur Festigung eingelagerte Kalk hat allerdings auch eine in diesem Zusammenhang nicht ganz willkommene Eigenschaft; er ist nämlich schwer. Und, je mehr Kalziumsalze in den Knochen eingebaut sind, desto mehr wiegt dieser. Die Knochen unserer Beine beispielsweise, die unseren Körper tragen sollen, müßten – wenn sie ihre Funktion erfüllen sollen – eigentlich so schwer sein, daß wir durch die Last unserer Knochen recht unbeweglich würden. Diesem Dilemma ist die Natur mit einem Trick entgangen, der heute – viele Millionen Jahre nach der „natürlichen" Erfindung – vom Menschen auch in der Technik verwendet wird. Er beruht auf der Tatsache, daß eine hohle Säule – wenn nur ihre Wand nicht zu dünn ist – fast dasselbe Gewicht tragen kann wie eine massive Säule mit dem gleichen Durchmesser.

Das ist der Grund, warum es sich bei den Knochen unserer Gliedmaßen um sog. Röhrenknochen handelt. Wenn sie auch nicht ganz hohl, sondern von gelbem, fettreichem Knochenmark ausgefüllt sind, so besteht der tragende Teil doch aus einer Röhre. Nur an den verdickten Enden, beispielsweise dort, wo die Last des Beckens und damit des gesamten Körpers auf den Oberschenkelknochen liegt, hat sich ein Geflecht von feinsten Knochenbälkchen (Spongiosa) entwickelt, und zwar genau entlang der Zug- und Drucklinien, die in der belasteten Kugel entstehen. Diese Spannungslinien bleiben nicht auf die einzelnen Knochen beschränkt, sondern setzen sich über die gelenkigen Verbindungen in den angrenzenden Knochen fort – im Falle des Oberschenkels also in die Unterschenkel und bis in die Fußknochen hinein. Wir können den Hohlraum des Röhrenknochens und die Knochenbälkchen in seiner Kugel an jedem Suppenknochen studieren, denn nicht nur die menschlichen Gliedmaßen, auch die anderer Wirbeltiere – beim Suppenknochen also die eines Rindes – sind so aufgebaut.

Damit wären wir bei dem dritten Schluß, den wir aus der „Sintflutgeschichte" des Johann Jakob Scheuchzer ziehen können: Das Skelett des Riesensalamanders und das des Menschen haben so viele Merkmale gemeinsam, daß die Verwechslung nicht völlig abwegig erschien; und wie wir aus Erfahrung wissen, trifft das auch für alle anderen vierfüßigen Tiere zu, die mit uns stammesgeschichtlich verwandt sind. Ihre „Knochenausrüstung" scheint sich im Laufe der Evolution also bewährt zu haben: nämlich ein das Gehirn bergender Schädel, ein aus einzelnen Wirbeln bestehendes, von dazwischenliegenden Knorpelscheiben „abgefedertes" und dadurch in sich bewegliches Rückgrat (dessen Name seine Abkunft von der Rükkengräte der Fische nicht verleugnen kann), vier Gliedmaßen, die als Beine, Greifarme oder Flügel eine rasche Fortbewegung ermöglichen, und ein die Organe des Stoffwechsels und der Fortpflanzung schützendes Becken. Als die Vierfüßler in der stammesgeschichtlichen Entwicklung vom Kriechen zum Laufen oder – im Falle der Vögel – zum Fliegen übergingen und gleichzeitig die Lungenatmung an Bedeutung zunahm, „erfanden" sie als Schutz- und Haltevorrichtung für Lunge und Herz außerdem noch den Rippenkorb.

# DIE BEWEGUNG

Was wir hier aufgezählt haben, sind gewissermaßen die Einzelbauteile eines Wirbeltieres und damit eines Menschenskelettes, die den Lebewesen die bestmögliche Anpassung an die Umwelt ermöglichen. Doch die besten Einzelteile nützen nichts – das weiß schon ein mit einem mechanischen Baukasten spielendes Kind –, wenn sie nicht so zusammengefügt sind, daß sie einmal die ganze Konstruktion tragen können und zum anderen so gegeneinander verschieb- und verdrehbar sind, daß ihr Zusammenspiel zu einer dem Organismus nützenden, koordinierten Bewegung wird.

Die Knochen des menschlichen Körpers sind so gewachsen, daß sie fast „nahtlos" ineinander passen, denken wir beispielsweise noch einmal an die schon sprichwörtliche „Knochenform" eines Oberschenkelknochens, dessen Kugel sich in sein „Lager" im Beckengürtel schmiegt. Auch das Schultergelenk ist ein Kugelgelenk, das die Bewegung der Arme nach fast allen Richtungen freigibt. Im Knie, im Ellenbogen und in den Fingern haben wir Scharniergelenke, mit denen man die durch sie verbundenen Gliedmaßen nur in eine Richtung bewegen kann; zwischen Rippen und Wirbelsäule befinden sich Pfannen- und Gleitgelenke. An den Gelenkflächen geht die Knochenhaut in eine dünne, glatte knorpelige Schicht über. Die aufeinander gleitenden Gelenkflächen werden durch die Gelenkflüssigkeit glatt und reibungsfrei gehalten, etwa wie man die Verbundstellen einer Maschine ölt, damit sie sich nicht vorzeitig abnutzen oder heißlaufen. Alle Gelenke sind in feste Kapseln aus Bindegewebe eingeschlossen und durch die sog. Bänder zusammengehalten. Auch die Bänder und die Sehnen bestehen aus kräftigem, zugfestem Bindegewebe.

Die eigentlichen „Beweger" der Gliedmaßen sind die Muskeln. Gewöhnlich ist ein Muskel, in dem viele Zellen durch Bindegewebe miteinander verbunden sind, an einem Knochen – beispielsweise dem des Oberarms – festgewachsen, während er mit dem anderen – den er bewegen soll – durch eine Sehne verbunden ist. Skelettmuskeln sind, wie wir bereits sahen, aus sog. quergestreiftem Muskelgewebe, in dessen Zellen fast das ganze Protoplasma aus zu Fibrillen angeordneten Eiweißstoffen besteht. Diese können sich rasch und stark zusammenziehen. Da sie alle in einer Längsrichtung angeordnet sind, summiert sich ihre verkürzende Wirkung, so daß der Muskel genügend Kraft bekommt, um das ihm zugeordnete Knochenglied in eine bestimmte Richtung zu ziehen.

Gesteuert wird der ganze Vorgang von einem Nerven, der vom Rückenmark zum Muskel läuft und sich dort mit vielen Verästelungen an die Zellen legt. Über kleine Endplatten geben die Nervenäste den Botenstoff Azetylcholin an die Muskelzelle ab und ihr damit den Befehl, sich zusammenzuziehen. Da jeder Muskel jedoch jeweils immer nur für eine ganz bestimmte Bewegung verantwortlich ist und den Knochen nicht in jede beliebige Richtung ziehen kann, braucht der Körper eine Vielzahl von verschiedenen, großen und kleinen Muskeln, deren Aktivitäten sich gegenseitig ergänzen, damit er seine Beweglichkeit erhält. Allein an unserer Hand sind dabei beispielsweise 50 verschiedene Muskeln im Spiel.

Wir hatten, als wir über den Muskel als Gewebe sprachen, auch gesagt, daß die Skelettmuskulatur zur sog. „willkürlichen" gehöre, das heißt, daß sie unserem Willen gehorche. Aber so wörtlich dürfen wir das wohl nicht immer nehmen. Natürlich kann ich mir bewußt vornehmen, den Arm zu heben oder die Finger zu biegen. Doch die meisten unserer Bewegungen machen wir, ohne daß wir uns dessen bewußt sind, beim Gehen beispielsweise, beim Schreiben, beim Essen, beim Radfahren, beim Klavierspielen – eigentlich fast immer. Wir haben im Laufe unseres Lebens viele Bewegungen gelernt, die uns so „in Fleisch und Blut übergegangen" sind, daß sie zum Ausdruck unseres eigenen Wesens, zu einem Teil unserer Person wurden. Dazu gehört der Gang, an dem wir schon von weitem einen vertrauten Menschen erkennen, der Handgriff einer seit Jahren ausgeübten beruflichen Tätigkeit, aber auch das Mienenspiel unserer Gesichtsmuskulatur, mit dem wir anderen unsere Freude, unsere Zuneigung, unseren Ärger oder unsere Angst mitteilen. Die Bewegung, das von unseren tierischen Vorfahren ererbte Zusammenspiel von Muskeln, Sehnen und Knochen, ist so zum Ausdrucksmittel unserer Menschlichkeit geworden.

## 1 Die Eizelle

Von den rund 200000 Eizellen in jedem Eierstock (*Ovar*) eines neugeborenen Mädchens kommen im Verlaufe des späteren Lebens insgesamt nur rund 450 – gewöhnlich vom 15.-50. Lebensjahr alle vier Wochen eine Eizelle – zur vollen Reife. Mit einem Durchmesser von 0,1-0,2 mm wird die weibliche Keimzelle etwa stecknadelgroß; sie ist damit die größte Zelle im menschlichen Körper und mit dem bloßen Auge gerade noch erkennbar.

Auf dieser Interferenzkontrastmikroskop-Aufnahme sieht man die dicke Schutzmembran, die die Eizelle umgibt, und erkennt die zahlreichen Dotterkörnchen in ihrem *Cytoplasma*. Dieses besteht neben Eiweißkörpern aus Fetten sowie Glykogen und besitzt wichtige Stoffwechselaufgaben.

## 2 Eine Samenzelle im Eileiter

Der 3-5 µm (1 Mikrometer = 0,001 mm) dicke, ovale Kopf der reifen Samenzelle (*Spermium*) enthält das Kernmaterial mit den Eigenschaften des Vaters und die Samenflüssigkeit aus den Samenbläschen und der Prostata. An seinem Vorderende ist der Kopf von einer dünnen Kopfkappe überzogen, die ein für die Befruchtung wichtiges Enzym zum Auflösen der Eihülle an der Stelle des Eindringens enthält. Es schließt sich ein 6-7 µm langes Mittelstück an, das sich in den 40-50 µm langen Schwanzfaden fortsetzt.

Die Samenzellen entstehen in den männlichen Keimdrüsen, den Hoden. Beginnend mit der Pubertät bis ins hohe Alter reifen Tag für Tag Millionen von Spermien in den Wänden der vielfach gewundenen Hodenkanälchen heran und wandern schließlich zur völligen Ausreifung in die Nebenhoden, wo sie auch gespeichert werden. Erst hier gewinnen die Samenzellen ihre Bewegungsfähigkeit. Zwischen den Hodenkanälchen liegen die Hormone produzierenden Zwischenzellen. 200-300 Millionen gelangen bei der Vereinigung von Mann und Frau durch den Samenleiter und die Harnröhre in die weiblichen Geschlechtswege. Doch nur wenige erreichen auf dem langen und beschwerlichen Weg durch die Scheide und die Gebärmutterhöhle (den *Uterus*) die Eileiter; sie gehen also zugrunde, ohne ihr Ziel erreicht zu haben. Mit Hilfe von Schlängelbewegungen ihres Schwanzes schwimmen die Samenzellen dabei mit einer Geschwindigkeit von 3-4 mm pro Minute gegen den Cilienstrom in der Eileiterschleimhaut an; dieser schlägt von der Bauchhöhle in Richtung Gebärmutter. Die Verschmelzung der Samen- und der reifen Eizelle wird als Befruchtung bezeichnet; sie findet gewöhnlich im oberen Abschnitt des Eileiters statt.

Diese Aufnahme wurde unter dem Elektronenmikroskop bei 5000facher Vergrößerung gemacht. Unter der Samenzelle erkennt man ein Wimpern- oder Cilienbüschel.

## 3 Eine Eizelle vor der Eileitermündung

Die im Eierstock heranreifende Eizelle ist von einem flüssigkeitsgefüllten Bläschen (Follikel) umschlossen, das durch einen hohen Druck im Innern aufplatzt. Das beim Follikelsprung ausgeschwemmte Ei wird unmittelbar danach von der trichterförmigen Öffnung des Eileiters aufgenommen und in dem etwa 15 cm langen Schlauch durch wellenartig verlaufende Kontraktionen der muskulösen Wand und durch Bewegungen seiner Flimmerzellen zur Gebärmutter geleitet; die Eizelle benötigt hierfür 4-6 Tage. Die Eileitermündung bildet einen Wimpertrichter. Steht ein Follikelsprung bevor, werden die Fimbrien stärker durchblutet; sie entfalten sich und legen sich über die Vorwölbung des reifen Follikels. Das Auffangen der Eizelle durch die Fimbrien ist also ein aktiver Vorgang, während das Ei passiv gegen die Gebärmutter transportiert wird.

### 4 Der Eileiter hat die Eizelle aufgenommen

Er ist etwa 5 cm dick; das Lumen wird jedoch durch zahlreiche verzweigte Schleimhautfalten außerordentlich stark eingeengt.

Der Eizelle, umgeben von einer gallertartigen Schutzhülle, haften rechts drei kleine Polkörper an. Sie entstanden bei der ersten und zweiten Reifeteilung. Jedes Ei muß den Nahrungsvorrat zur Deckung seines Energiebedarfs für die ersten Teilungen in Form von Dottertröpfchen selbst mitbringen. Das ist einer der Gründe für die, verglichen mit den Samenzellen, ungewöhnliche Größe der weiblichen Keimzellen. Erst nach der Einbettung des jungen Embryos in die Gebärmutterschleimhaut kann eine wirksame Ernährung von außen her über das mütterliche Blut erfolgen. Die Auskleidung der Gebärmutterhöhle wird beim Absterben eines unbefruchteten Eies abgestoßen (Regel).

### 5 Ein drei Wochen alter Keimling

Leber und Herz werden bereits von einem Blutstrom aus den Nabelgefäßen durchflossen (im Bild rot). Der weiße Höcker rechts ist eine Beinknospe. Am Vorderende (oben) erkennt man Kiemenbögen; aus ihnen entwickeln sich Hammer, Amboß und Steigbügel des Mittelohres, der Unterkiefer und das Zungenbein. In der Rückenlinie sind die Segmente der Rumpfmuskulatur gut sichtbar. Auch die Augenentwicklung hat zu dieser Zeit bereits begonnen.

### 6 Nach fünf Wochen hat der Embryo eine Länge von etwa 1 cm erreicht

Jetzt erkennt man bereits die Hirnbläschen und die Augenanlage (genauer gesagt ist dieser dunkle Kreis der Rand des Augenhintergrundes, der ein schwarzes Pigment enthält), die Hände, Arme sowie Beine und einen kurzen Schwanzfortsatz. Immer ist der Vorderkörper der Entwicklung des Hinterkörpers ein wenig voraus. Links im Bild ist der rudimentäre Dottersack zu sehen, in diesem Entwicklungsstadium der Hauptbildungsort des Blutes.

### 7 Eine Woche später beträgt die Länge des Embryos etwa 1,5 cm

Geschützt vor äußeren Verletzungen, liegt er im mit Fruchtwasser gefüllten Amnionsack. Das Gehirn wächst sehr schnell, die Augen nehmen ihre typische Form an, und das Herz schlägt bereits kräftig. Etwa in der Mitte des Körpers erkennt man die Leber als großen dunklen Fleck.

Während sich jetzt also die Organe besonders stark differenzieren, zeigt der Embryo eine besonders große Empfindlichkeit für die Wirkungen von Virusinfektionen oder Giftstoffen, die die Placenta durchdringen können.

### 8 Sieben Wochen alter Embryo

Er hat inzwischen ein Gewicht von 2 g und eine Länge von 2 cm erreicht. In diesem Entwicklungsstadium sind die charakteristischen menschlichen Körperformen bereits ausgeprägt. Die Organentwicklung schreitet schnell voran. Die nach vorn gerichteten Augen, die Nase, Lippen und Zunge, ja sogar die ersten Milchzahnanlagen sind bereits vorhanden. In den winzigkleinen Händen hat die Knochenbildung begonnen, und unter der zarten Haut hat sich bereits eine Muskulatur entwickelt. Man erkennt die dünnen Nähte der Schädelknochen und am Scheitel die Fontanelle.

Bis zum Ende des zweiten Monats wird der Keimling als Embryo bezeichnet; später heißt er Fetus (= Frucht).

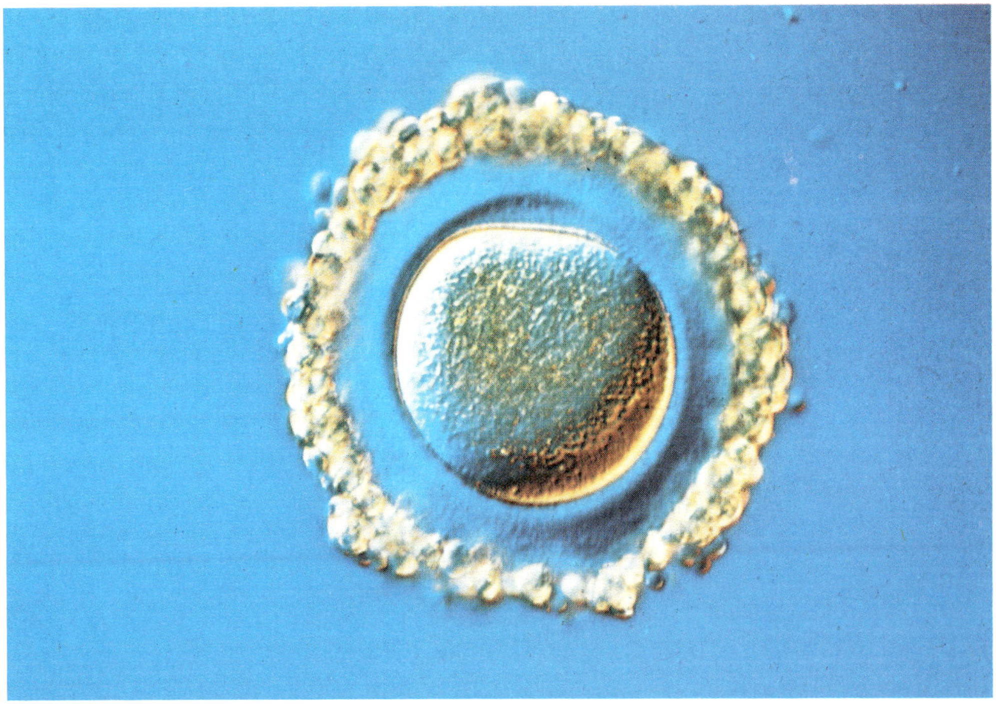

1

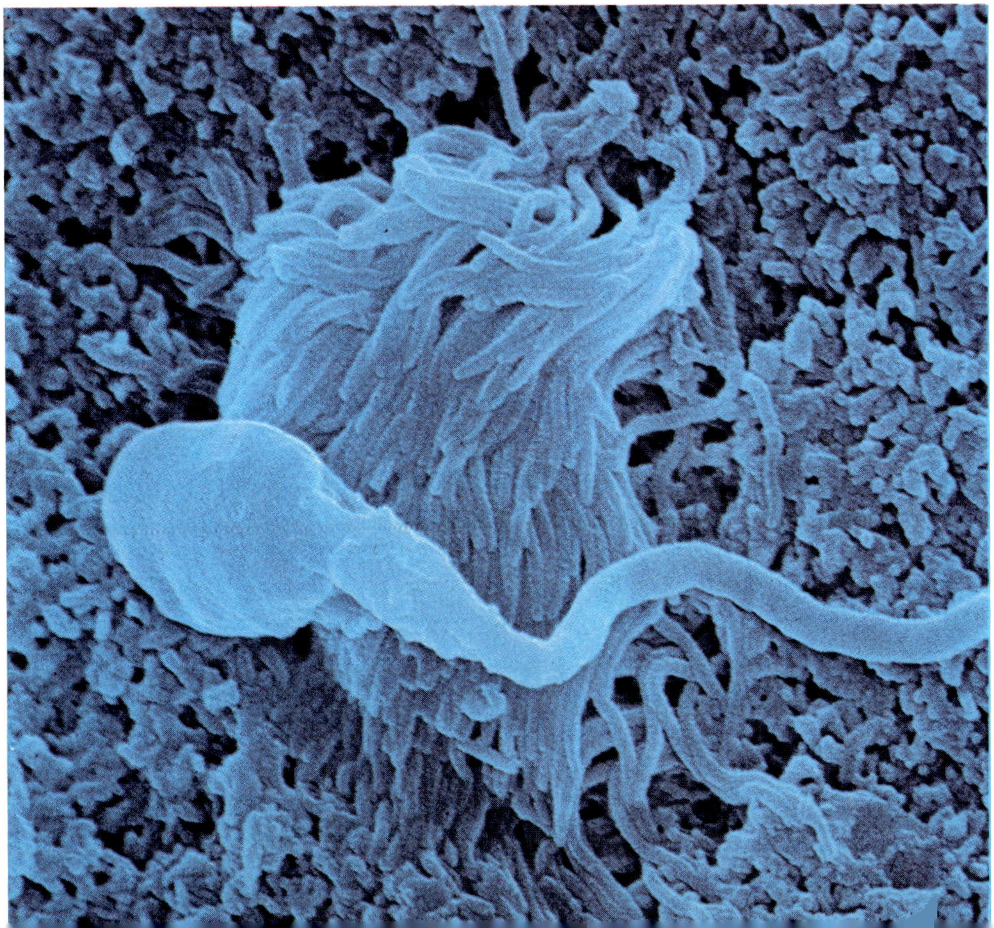

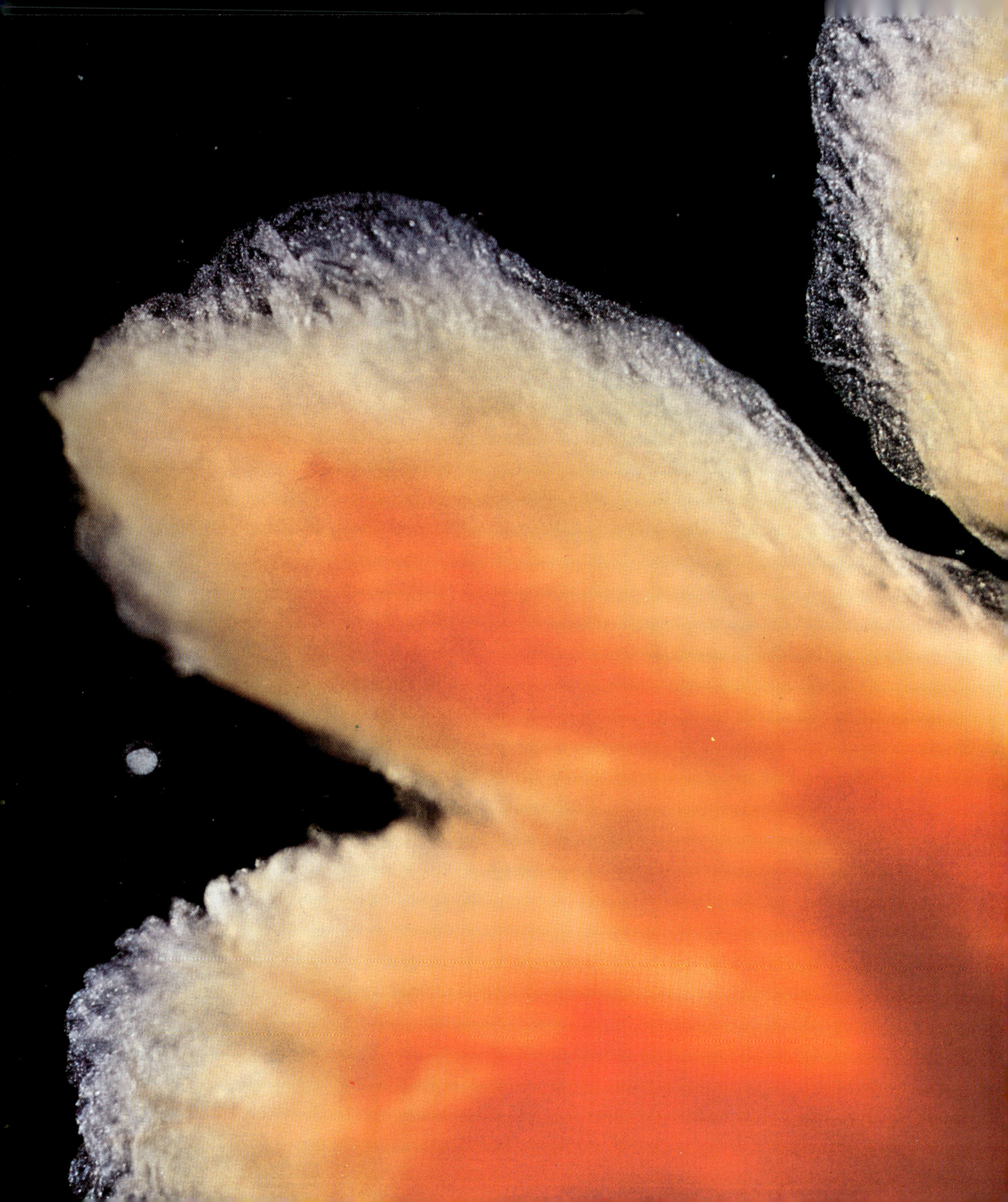

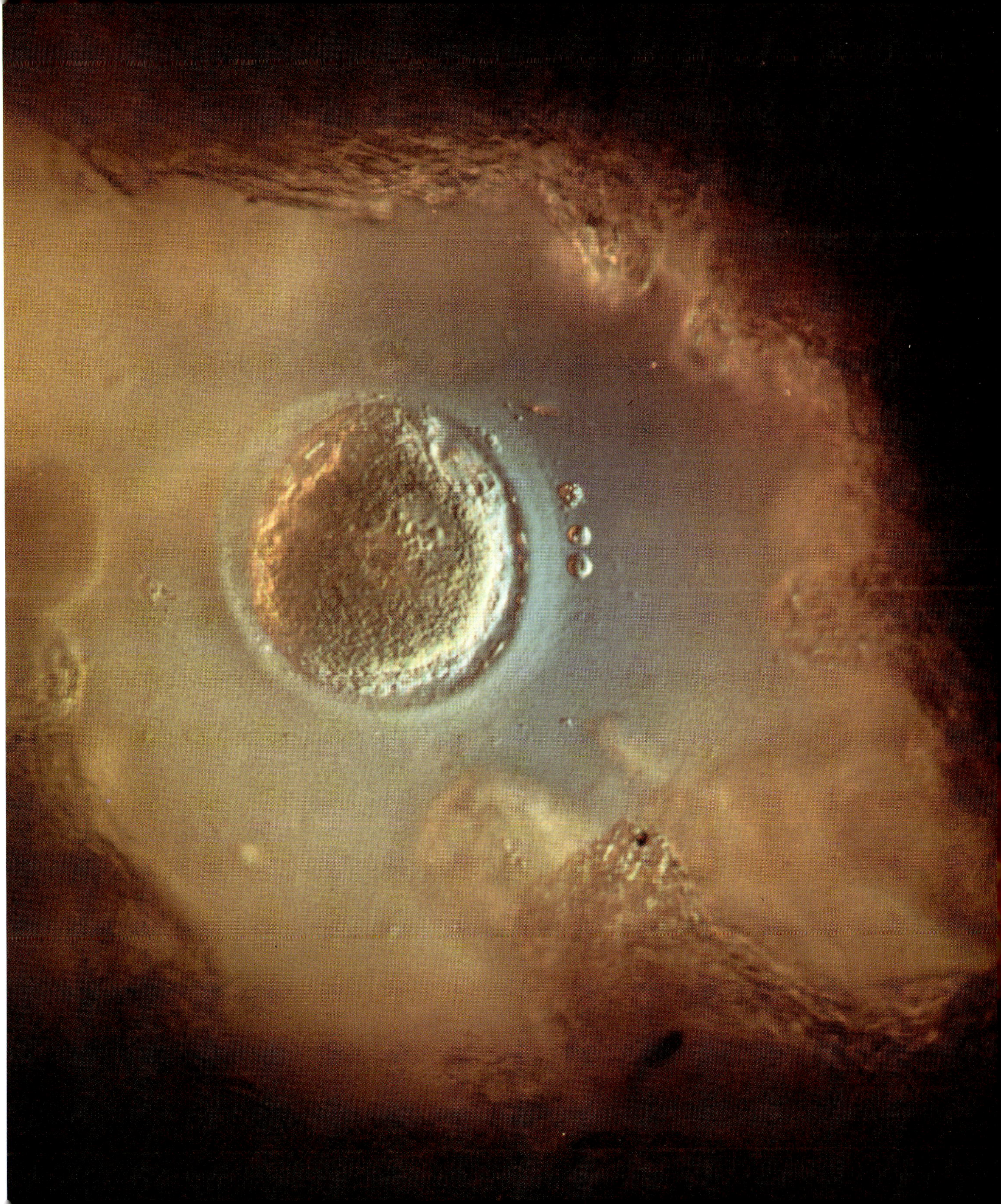

4

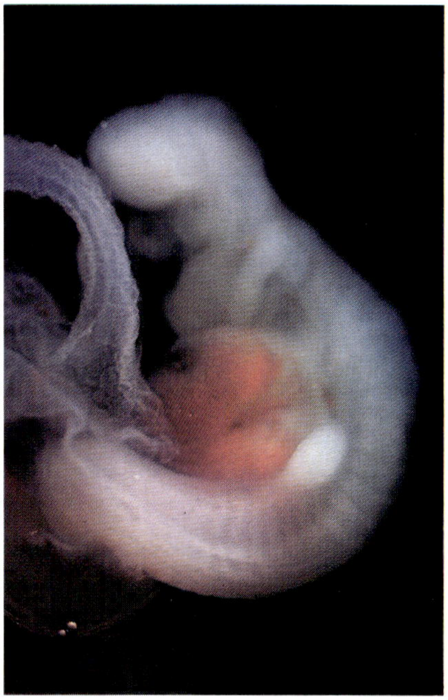
5

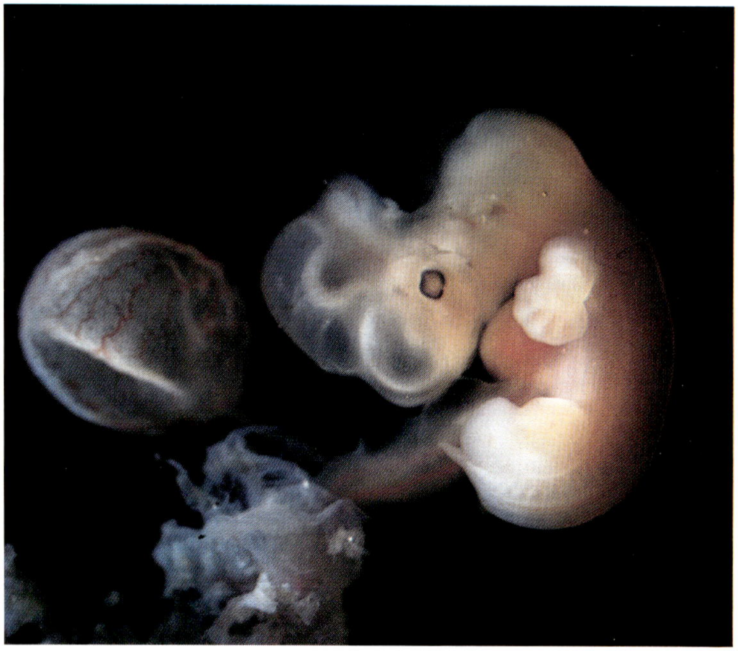
6

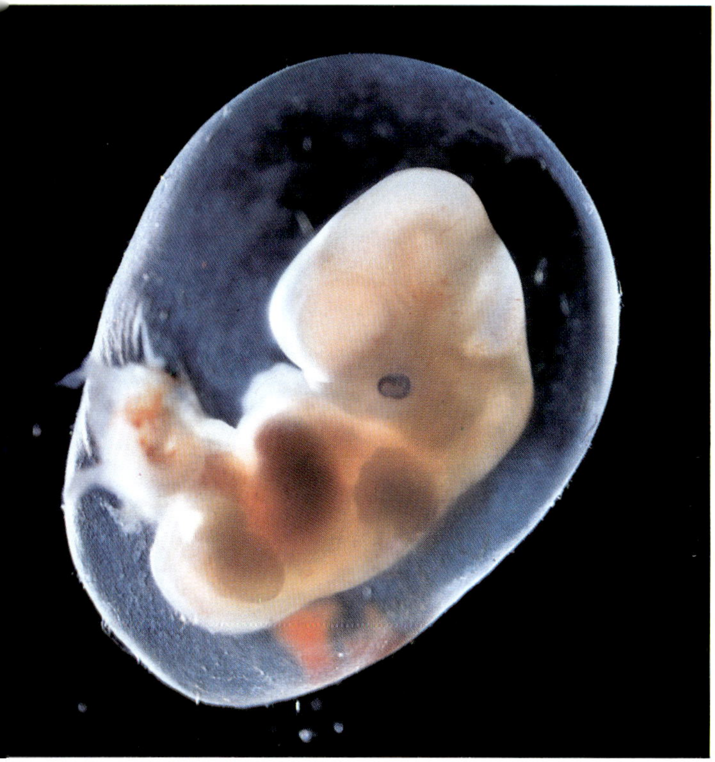
7

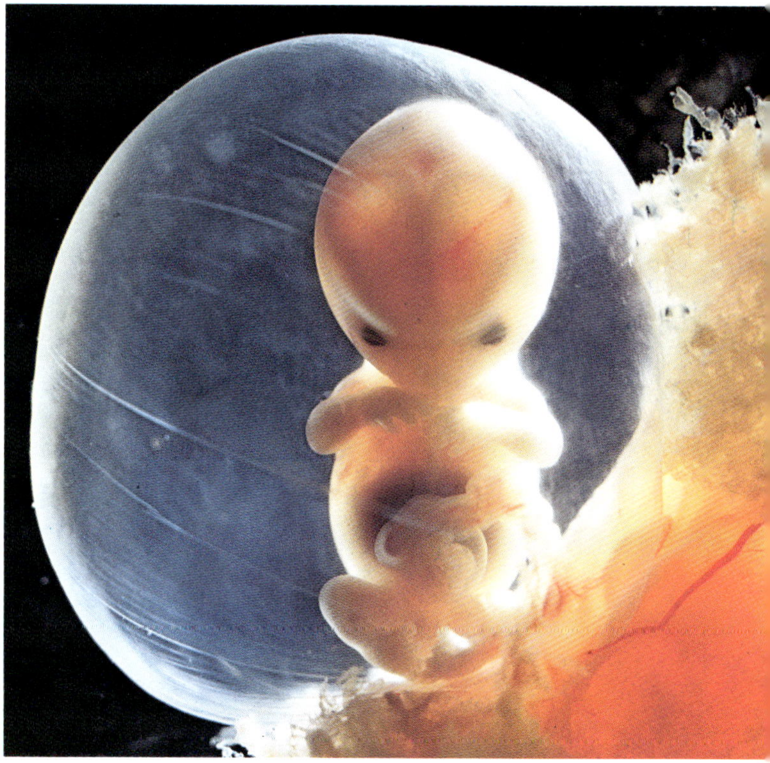
8

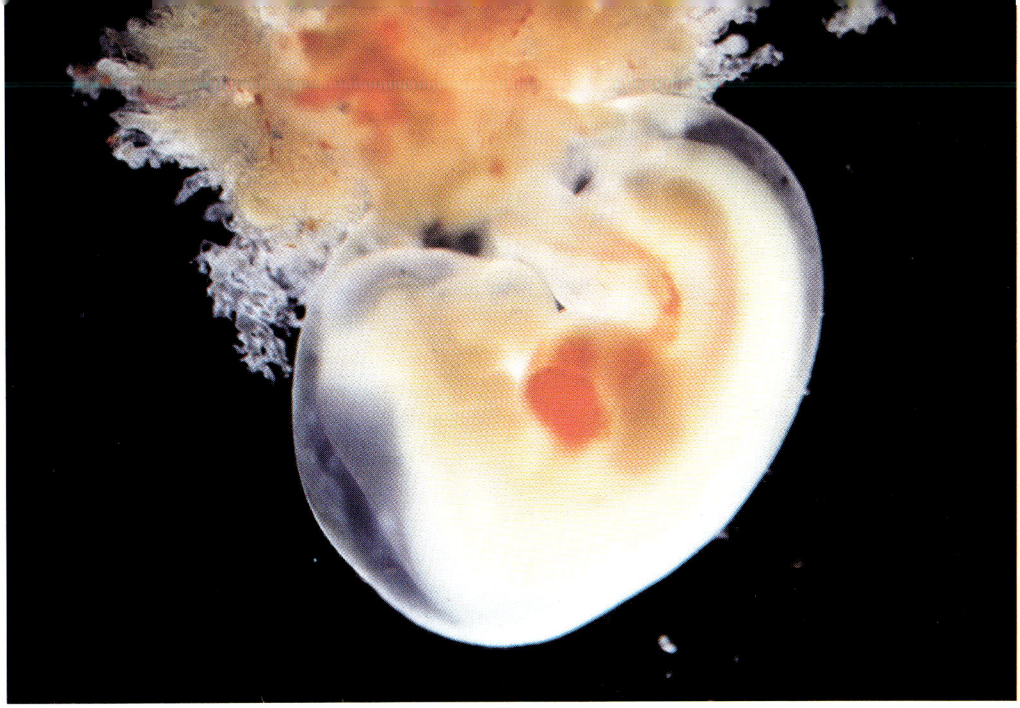
9

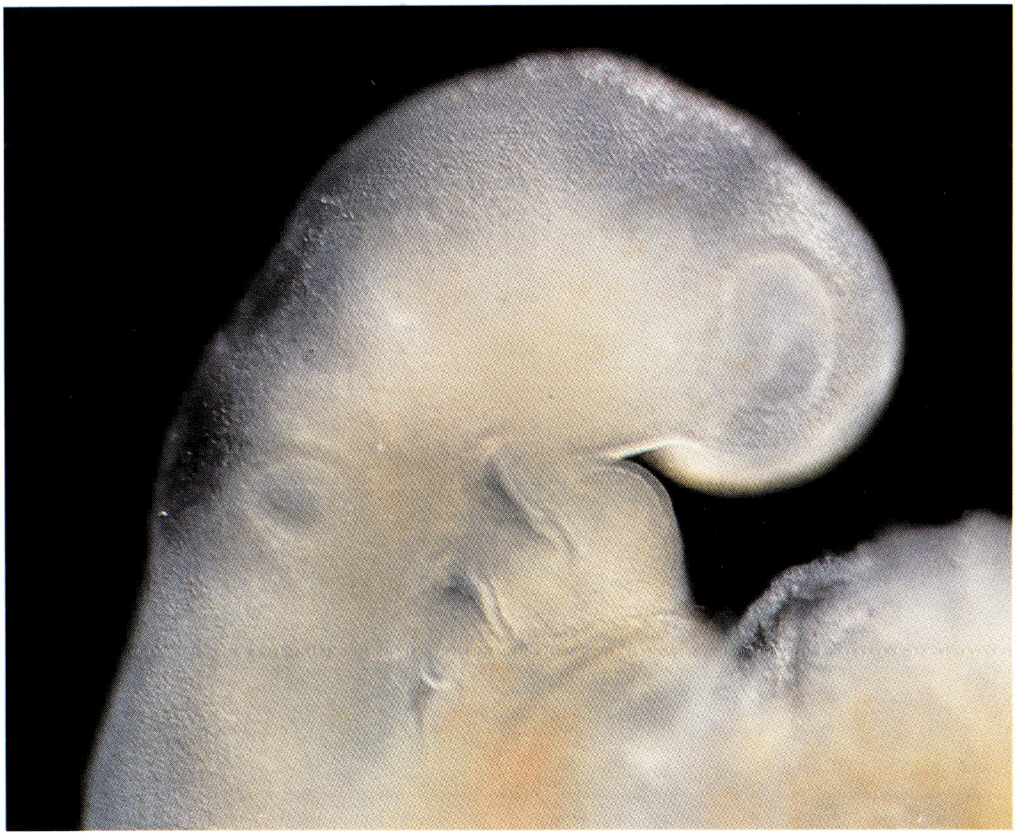
10

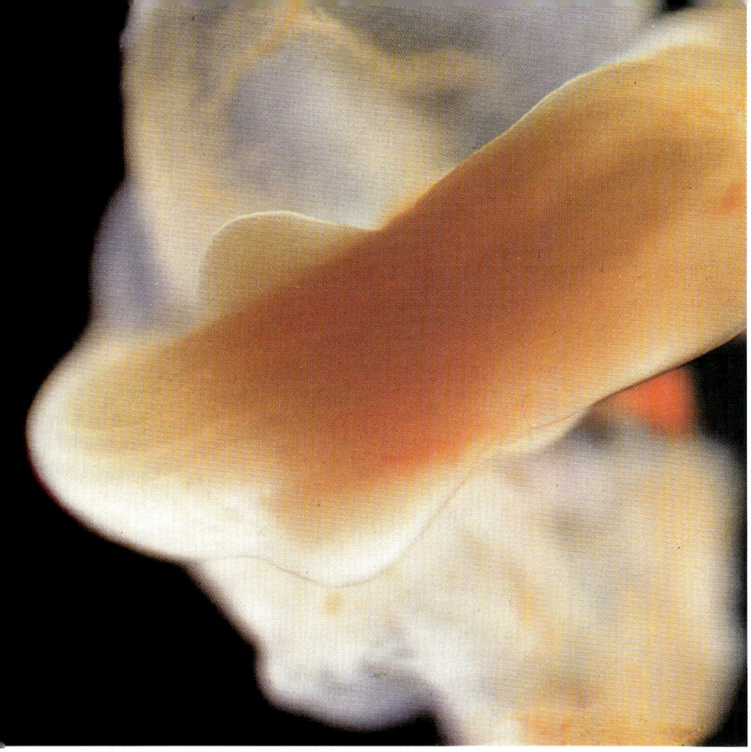
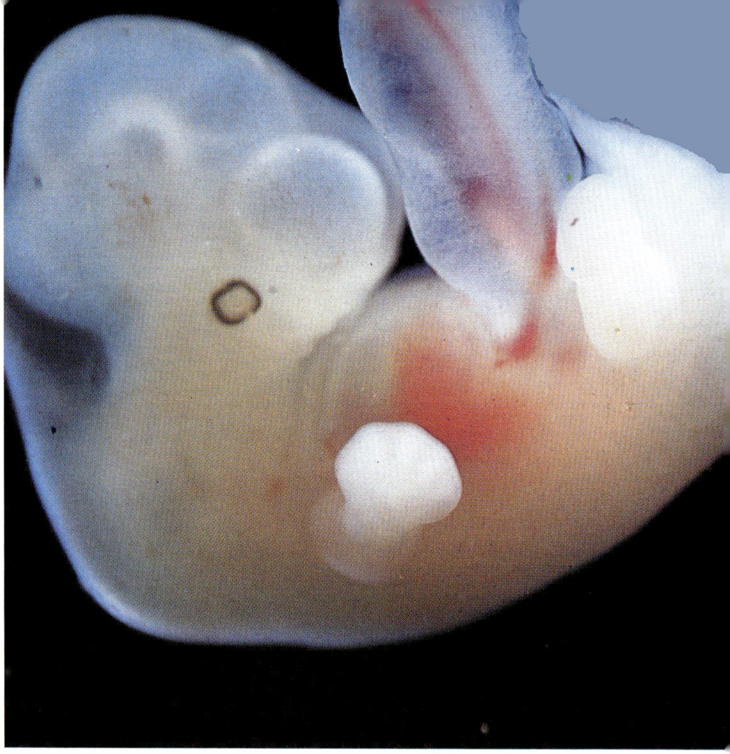
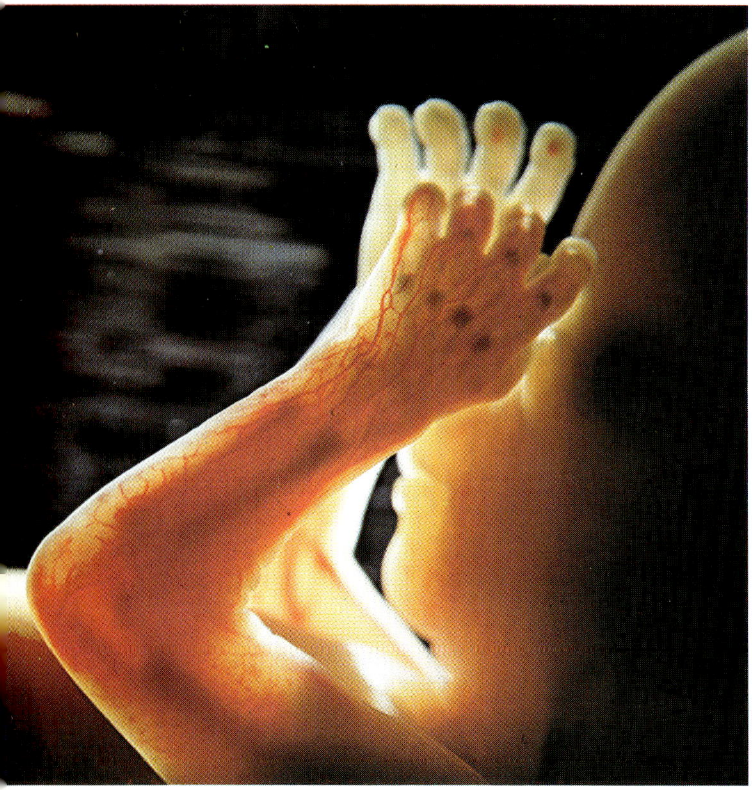
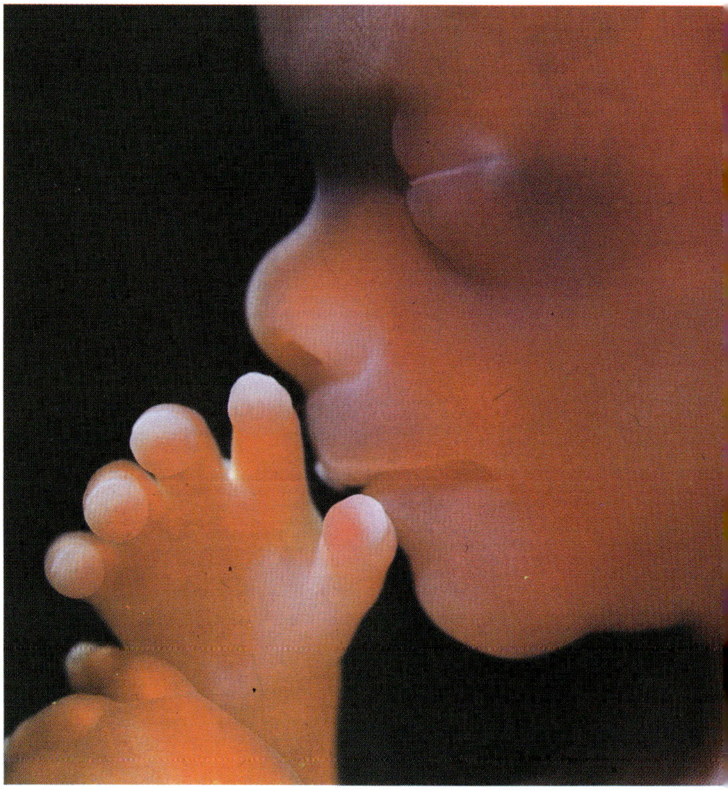

11–14

15

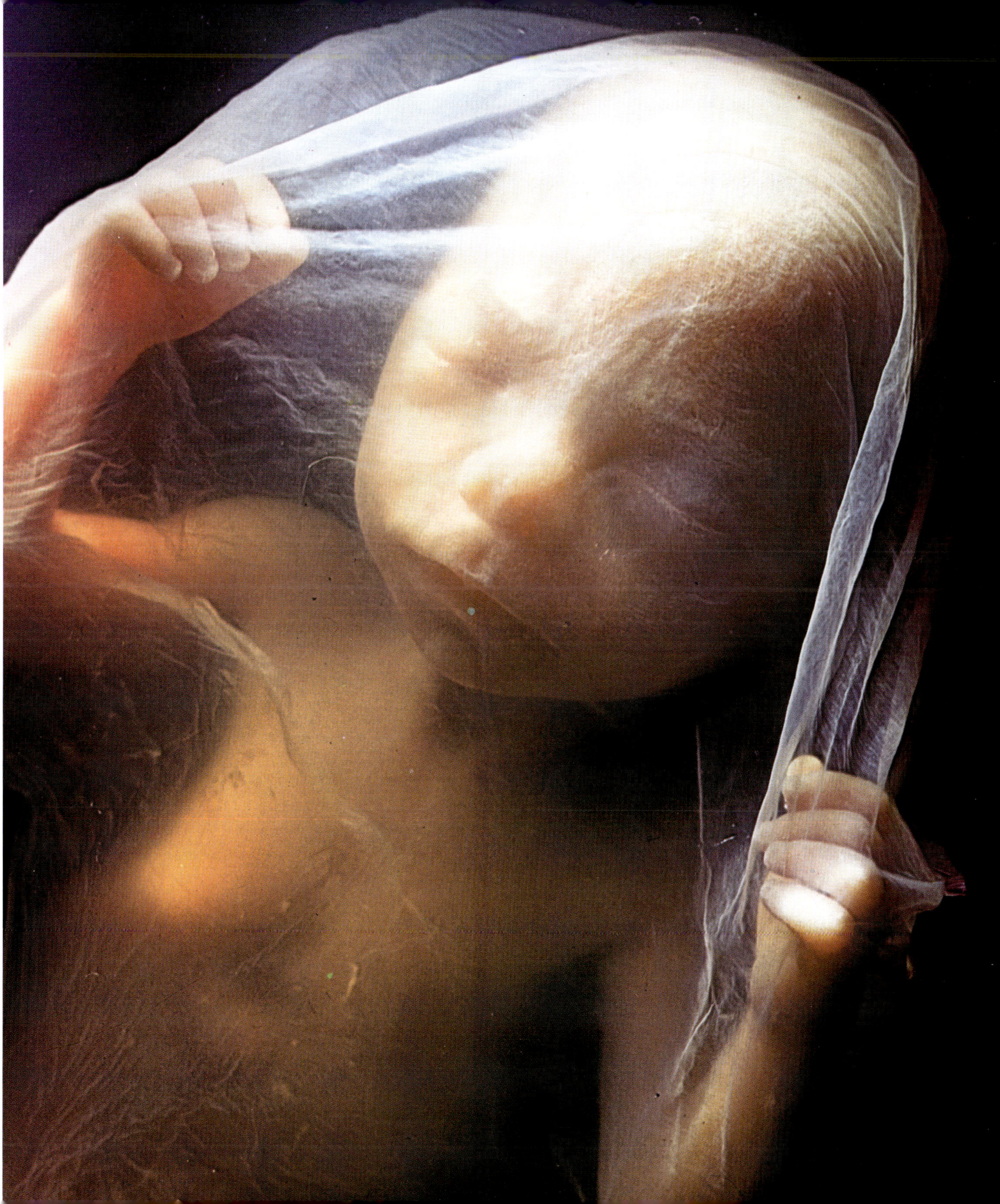

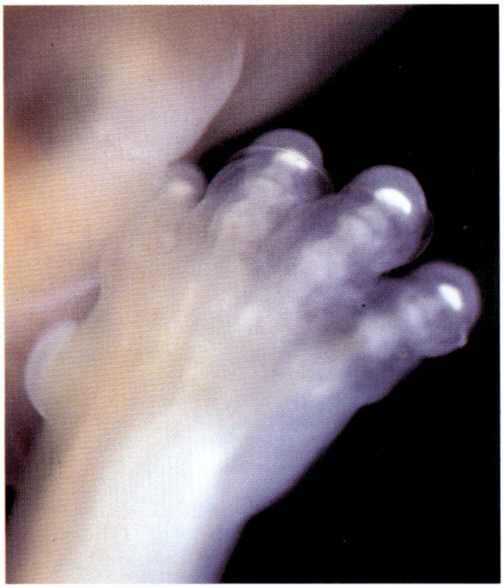
16

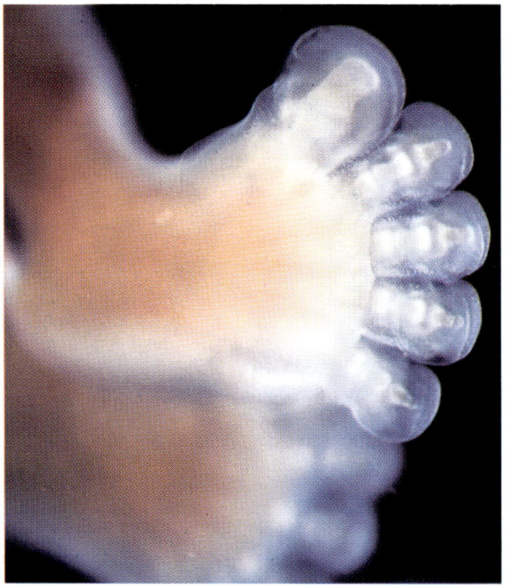
17

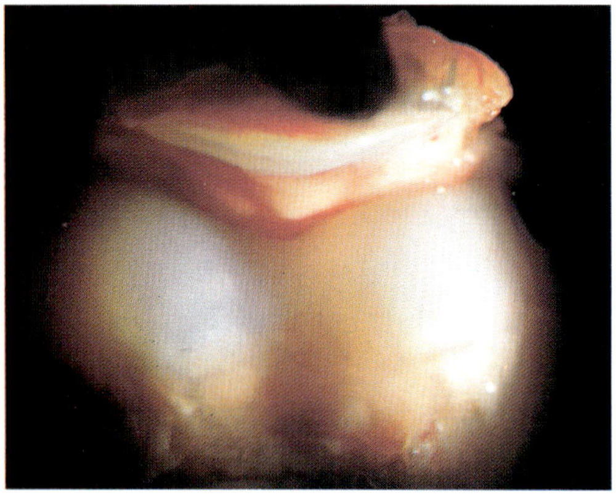
18

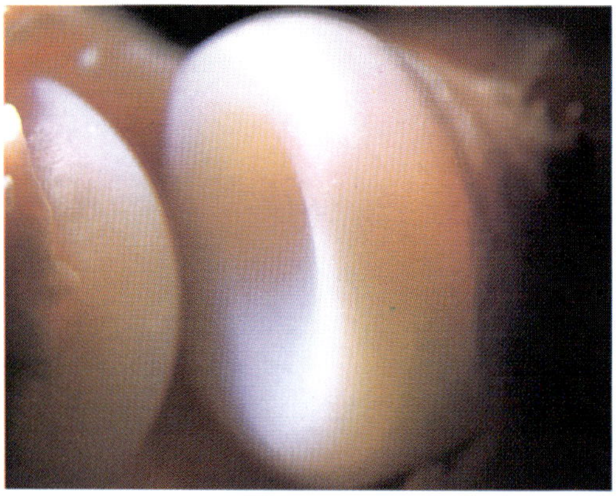
19

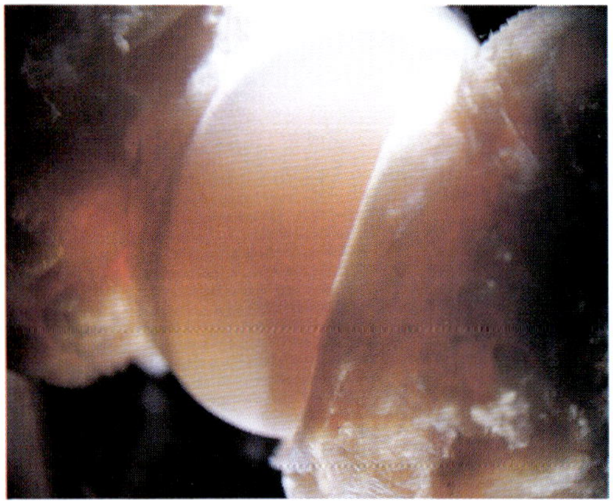
20

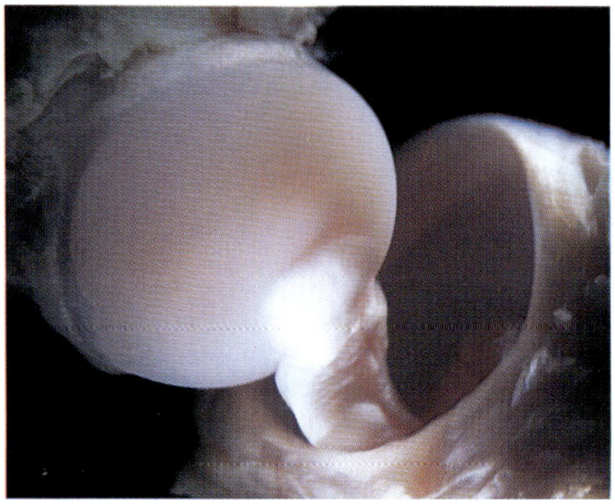
21

## 9 Das Herz

Bei diesem fünf Wochen alten Embryo ist das Herz als rote Masse vor der nierenförmigen bräunlichen Leber erkennbar. Der kindliche Kreislauf ist geschlossen; das Blut strömt durch die Leber und das Herz. Es besteht keine direkte Verbindung zwischen diesem und dem mütterlichen Kreislauf. Zwei Nabelarterien führen das Blut vom Fetus zum weitverzweigten Blutgefäßsystem der Placenta (oben im Bild) und durch eine Nabelvene wieder zum Kind zurück. Durch die Oberfläche der Placenta (die Zotten haben eine Gesamtoberfläche von rund 15 $m^2$) werden Sauerstoff und frische Nährstoffe aus dem mütterlichen Blut aufgenommen und Kohlendioxid sowie andere Schlackenstoffe an den mütterlichen Kreislauf abgegeben; die Placenta dient auch als Vitaminspeicher.

## 10 Die Kiemenspalten eines Keimlings

Bezüglich ihrer primitiven Merkmale bestehen in den frühen Entwicklungsstadien bei allen Wirbeltieren gewisse Ähnlichkeiten. Auch beim menschlichen Keimling werden zunächst Kiemenspalten angelegt. Während sich jedoch aus diesen bei den Fischen funktionsfähige Kiemen entwickeln, entstehen beim menschlichen Embryo aus den Kiemenbögen bereits während der vierten oder fünften Schwangerschaftswoche der Kehlkopf, Unterkiefer und das Zungenbein.

## 11-14 Die Entwicklung der Arme und Hände

Die Aufnahmeserie zeigt die einzelnen Entwicklungsstufen, die bei den oberen Extremitäten schneller voranschreiten als bei den unteren. Zunächst wachsen etwa während der vierten Woche auf den beiden Rumpfseiten kleine Höcker (oben links) heraus.

Acht Tage später bilden sich dann winzige Handanlagen mit den je fünf Fingerknospen, doch sind noch keine Gelenke vorhanden (oben rechts).

Am Ende des vierten Monats sind die stets gebeugt gehaltenen Arme und die Hände bereits fast voll ausgebildet; die Anlagen der Fingernägel werden erkennbar (unten links).

Nach viereinhalb Monaten (unten rechts) hat der Fetus eine Länge von etwa 21 cm erreicht. Man sieht den für den Menschen typischen opponierbaren Daumen. Sobald dieser in Mundnähe gelangt, lutscht der Fetus an diesem. Das die vorderen Extremitäten versorgende Blutgefäßnetz ist auf den unteren Bildern deutlich zu erkennen.

## 15 Fetus im Alter von vier Monaten

Zu diesem Zeitpunkt ist die Organbildung bereits im wesentlichen abgeschlossen, und ein allgemeiner Wachstumsprozeß kennzeichnet nun in erster Linie die folgenden Entwicklungsmonate. Der Fetus hat jetzt bei einem Gewicht von ca. 200 g eine Gesamtlänge von 16 cm. Noch sind die Augenlider geschlossen, doch die Gesichtspartie hat bereits ihre typische Prägung. Mit den Händen greift der Fetus in die Amnionhülle und stemmt sich mit seinen Füßen gegen die Wand der Fruchtblase. Die ruckartigen Bewegungen der Arme und Beine werden von der Mutter deutlich wahrgenommen.

## 16-17 Die Ausbildung der Extremitäten

Gegen Ende des zweiten Monats sind in den noch durchscheinend zarten Handanlagen die Fingerknochen zu erkennen (oben links), und an den Spitzen wachsen bereits die Fingernägel aus. Entsprechend verläuft die Entwicklung der Fußanlagen (oben rechts). Hände und Füße haben zu dieser Zeit eine Länge von ca. 2-3 mm.

## 18-21 Die großen Extremitätsgelenke

Zwischen dem Oberschenkelknochen (*Femur*) und dem Schienbein (*Tibia*) liegt als eines der kräftigsten, zugleich aber auch eines der empfindlichsten Körpergelenke, das Kniegelenk (*Articulatio genus;* Mitte links). Es wird durch mehrere Bänder (Kollateralbänder an den Seiten, Kreuzbänder im Gelenk selbst) gefestigt und durch eine derbe Bindegewebskapsel geschützt. Nach Ablösen der Kniescheibe (*Patella*), die ein Knochen für sich ist, und einer Eröffnung der das Kniegelenk umhüllenden Gelenkkapsel kommen die beiden oberen Gelenkhöcker zum Vorschein.

Während es sich beim Kniegelenk um ein Scharniergelenk handelt, ist das Schultergelenk (*Articulatio humeroscapularis;* Mitte rechts) ein äußerst bewegliches Kugelgelenk. Der kugelförmige Kopf wird vom Oberarmknochen (*Humerus*), die verhältnismäßig kleine, ovale Pfanne vom Schulterblatt (*Scapula*) gebildet. Die Beweglichkeit wird noch dadurch erweitert, daß das Schulterblatt nicht fest mit dem Brustkorb verbunden, sondern selbst weitgehend frei beweglich ist. In der Abbildung wurde der Gelenkkopf ein wenig von der Gelenkpfanne abgehoben.

Auch das Hüftgelenk (*Articulatio coxae;* untere Abbildungen) ist ein typisches Kugelgelenk. Der obere Teil des Oberschenkelknochens (Oberschenkelhals, *Collum femoris*) hat einen kugelförmigen Kopf, der sich in der Pfanne im Hüftgelenk dreht. Er wird durch Bänder und eine große Bindegewebskapsel verstärkt. Aus der Gelenkpfanne tritt ein von einer derben Bindegewebshülle geschütztes Blutgefäß in den Oberschenkelgelenkkopf über (unten rechts). Die aufrechte Haltung des Menschen setzt den Schenkelhals und das Hüftgelenk einer starken Belastung aus, denn sie haben das volle Körpergewicht zu tragen.

## 22 Bindegewebszellen

Die Zelle ist der Grundbaustein lebenden Gewebes. Während viele niedere Lebewesen aus einer einzigen oder nur wenigen, ähnlich gearteten Zellen bestehen, setzen sich die höherentwickelten Organismen aus einer größeren Anzahl von Zellen zusammen, die sich in Aussehen und Funktion voneinander unterscheiden. Jeweils gleichartige Zellen sind gemeinsam mit Binde- und Stützsubstanzen zu größeren Einheiten (Zellverbänden, Geweben) zusammengeschlossen. Sie bilden ihrerseits das Baumaterial für die verschiedenen Organe.

Vergleichsweise einfach gebaut sind die Bindegewebszellen. Die Interferenzmikroskop-Aufnahme zeigt, wie sich solche Zellen zu Bündeln oder flächenhaften Verbänden zusammenschließen können. In jeder der langgestreckten Bindegewebszellen erkennt man den Kern an seiner körnigen Struktur. Sie umgeben alle inneren Organe und sind auch an der Wundheilung beteiligt. Bindegewebszellen verbinden die Wundränder miteinander und vermehren sich an diesen Stellen beträchtlich.

## 23 Fettzellen

Man unterscheidet braune und gelbe Fettzellen. Während die braunen nur vereinzelt im Hals- und Brustbereich auftreten, wird von den gelben der weitaus größte Teil des Fettgewebes gebildet. Fettzellen können Nahrungsreserven speichern, die sie in Notzeiten wieder dem Stoffwechsel zuführen (Depotfett). Sie dienen aber auch als Wärmeisolations- (Isolationsfett) und als Polsterschicht (Baufett). Diese abgebildeten runden und gelben Fettzellen stammen aus dem Muskelgewebe; man erkennt die rötlichen Querschnitte der Muskelfasern.

## 24 Knorpelzellen

Die mehr oder weniger rundlichen Knorpelzellen liegen in den Hohlräumen der Knorpelgrundsubstanz. In diesem abgebildeten Schnitt erscheinen die geschrumpften Zellkörper in den Zellhöhlen als dunkle Areale. Im lebenden Gewebe ist die Grundsubstanz (hier blau-rot) weißlich-gelb; plastische und kollagene Fasern durchziehen sie. Diese Struktur verleiht dem Knorpel die spezifischen Eigenschaften eines elastischen Stützgewebes von großer Widerstandsfähigkeit. Knorpelscheiben dienen als Stoßdämpfer zwischen den Wirbelkörpern, die Knorpelüberzüge machen die Gelenkflächen gleitfähig, und Knorpelstücke bilden das Stützskelett in der Nase und den Ohrmuscheln.

## 25 Knochenzellen

Sie sind reich verzweigt, und ihre Kerne kontrollieren die Kalkablagerung im Knochen. Unten links erkennt man einen angeschnittenen Knochenkanal, durch den im lebenden Gewebe Nerven und Gefäße verlaufen.

## 26 Muskelzellen

Man unterscheidet drei Arten von Muskelzellen. Die im Bild gezeigte quergestreifte Skelettmuskulatur enthält bis über 5 cm lange Fasern, die aus den eigentlichen Muskelzellen bestehen. Die dunkelbraunen ovalen Gebilde sind die (peripher) gelegenen Zellkerne. Das Protoplasma (*Sarkoplasma*) jeder Muskelzelle besteht aus zahlreichen dünnen Fasern, den *Myofibrillen*, die sich bei Kontraktion des Muskels rasch verkürzen können. Die *Myofibrillen* sind in einem räumlichen Muster (abwechselnd dunkle und helle Scheiben) angeordnet; das führt zu der deutlichen Querstreifung.

Die Muskelzellen in den Wandungen der inneren Organe (z. B. des Darms und der Blutgefäße) zeigen keine derartige Streifung. Man spricht deshalb bei ihnen von glatten Muskelzellen. Sie sind klein und spindelförmig; ihre länglichen Kerne liegen zentral. Die Zellen der glatten Muskulatur kontrahieren sich viel langsamer als die der anderen Muskeln. Sie werden unabhängig vom Bewußtsein durch das autonome Nervensystem beeinflußt.

Die Herzmuskulatur kann sich schnell kontrahieren. Die Kerne liegen zentral in den miteinander verbundenen Fasern, die wie bei der Skelettmuskulatur eine Querstreifung zeigen. Doch enthalten die Herzmuskelzellen mehr Protoplasma als die quergestreiften Muskelzellen.

## 27 Nervenzelle

Nervenzellen bestehen aus einem nur Hundertstel eines Millimeters großen Zellkörper mit mehreren verzweigten Fortsätzen, den *Dendriten*, sowie einem oft bis zu 1 m langen Fortsatz, dem *Neuriten*. Die *Dendriten* empfangen die Impulse anderer Nervenzellen, während die *Neuriten* die Erregung vom Zellkörper wegleiten. Nervenzellen befinden sich vor allem in der grauen Substanz des Gehirns und Rückenmarks. Da ihnen in erwachsenem Zustand die Fähigkeit zur Teilung fehlt, kann bei einem Verlust von Nervenzellen der Schaden nicht mehr durch eine Neubildung von Zellen ausgeglichen werden.

Das Bild zeigt eine isolierte Nervenzelle in ca. 12 000facher Vergrößerung unter dem Rasterelektronenmikroskop. Über die verzweigten *Dendriten*fortsätze steht der Zellkörper (nicht sichtbar) mit anderen Nervenzellen in Verbindung. Sie überkreuzen sich und bilden ein inniges Geflecht.

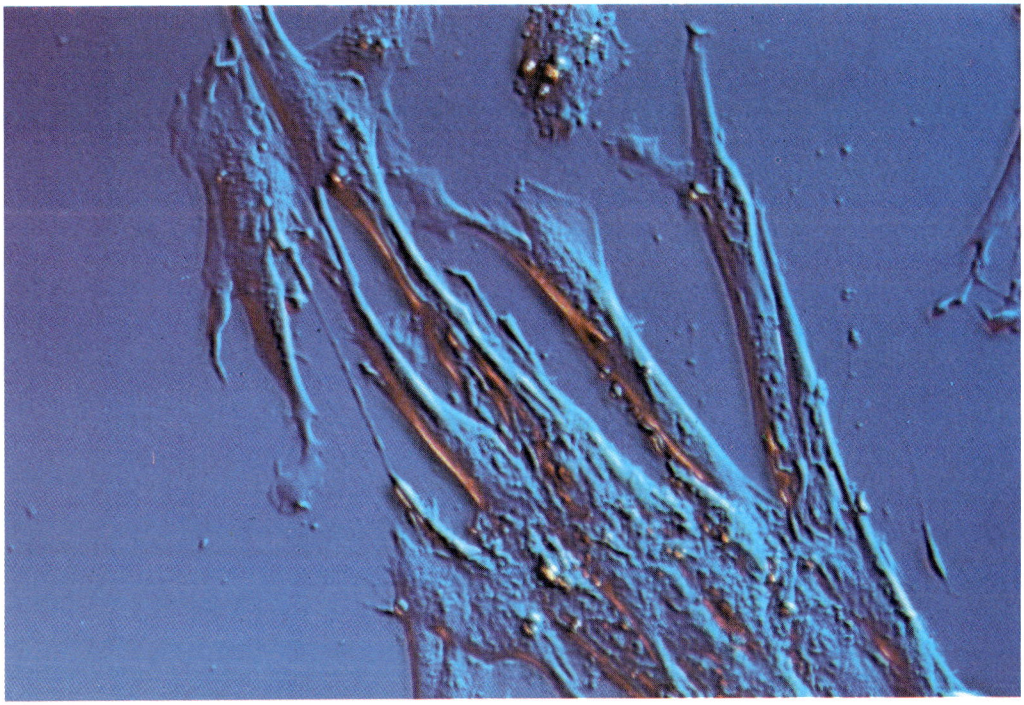

22

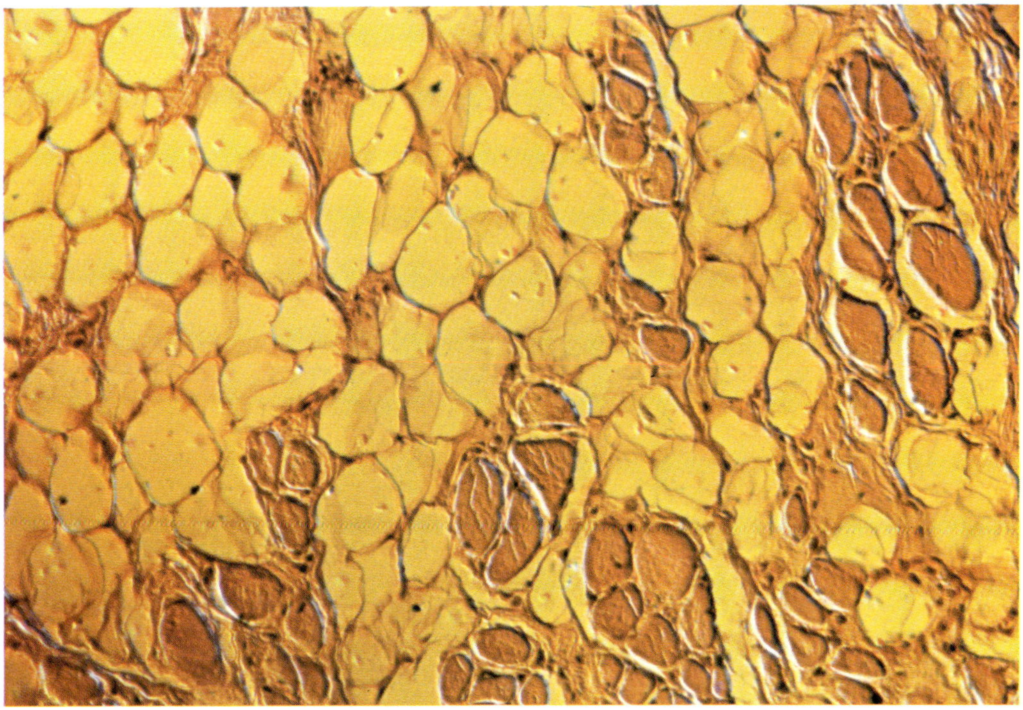

23

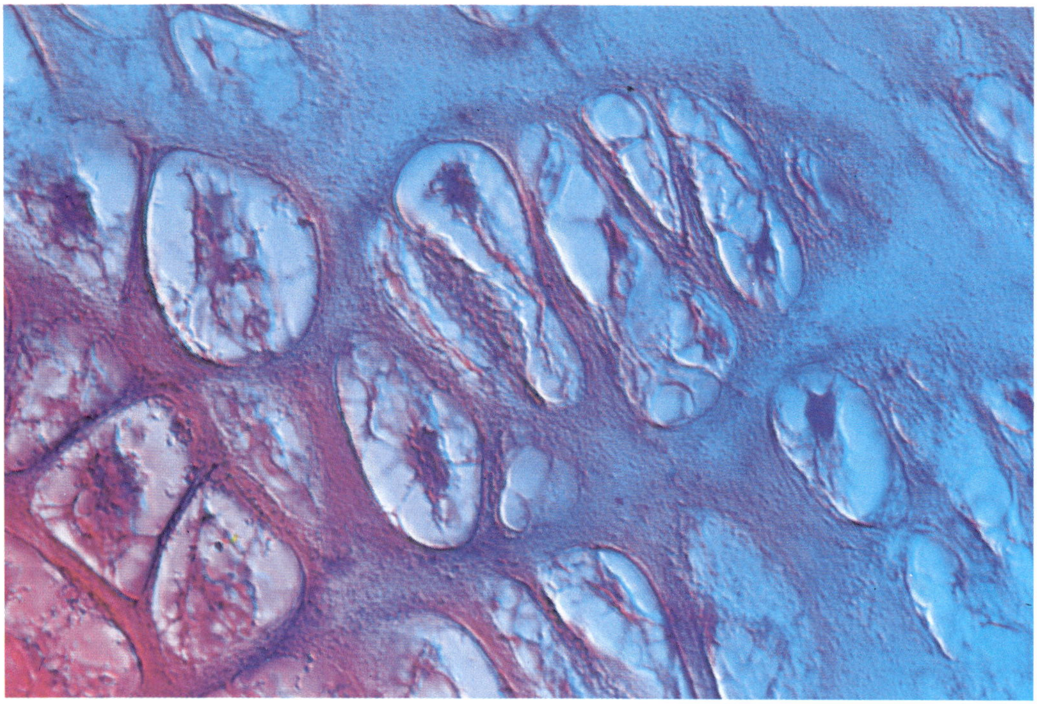

24

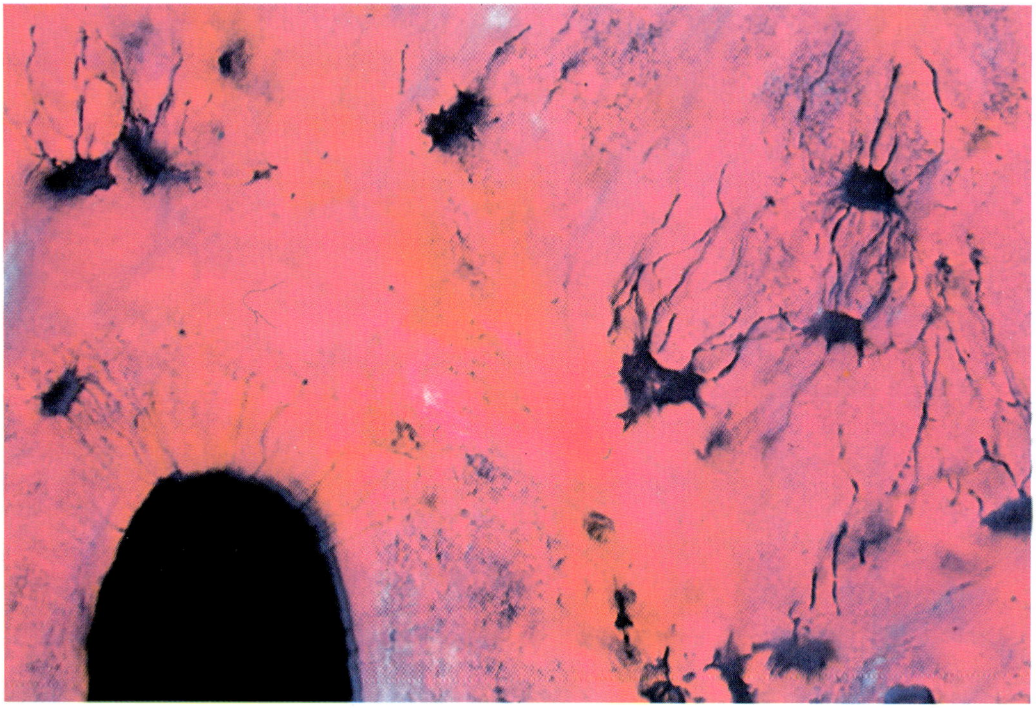

25

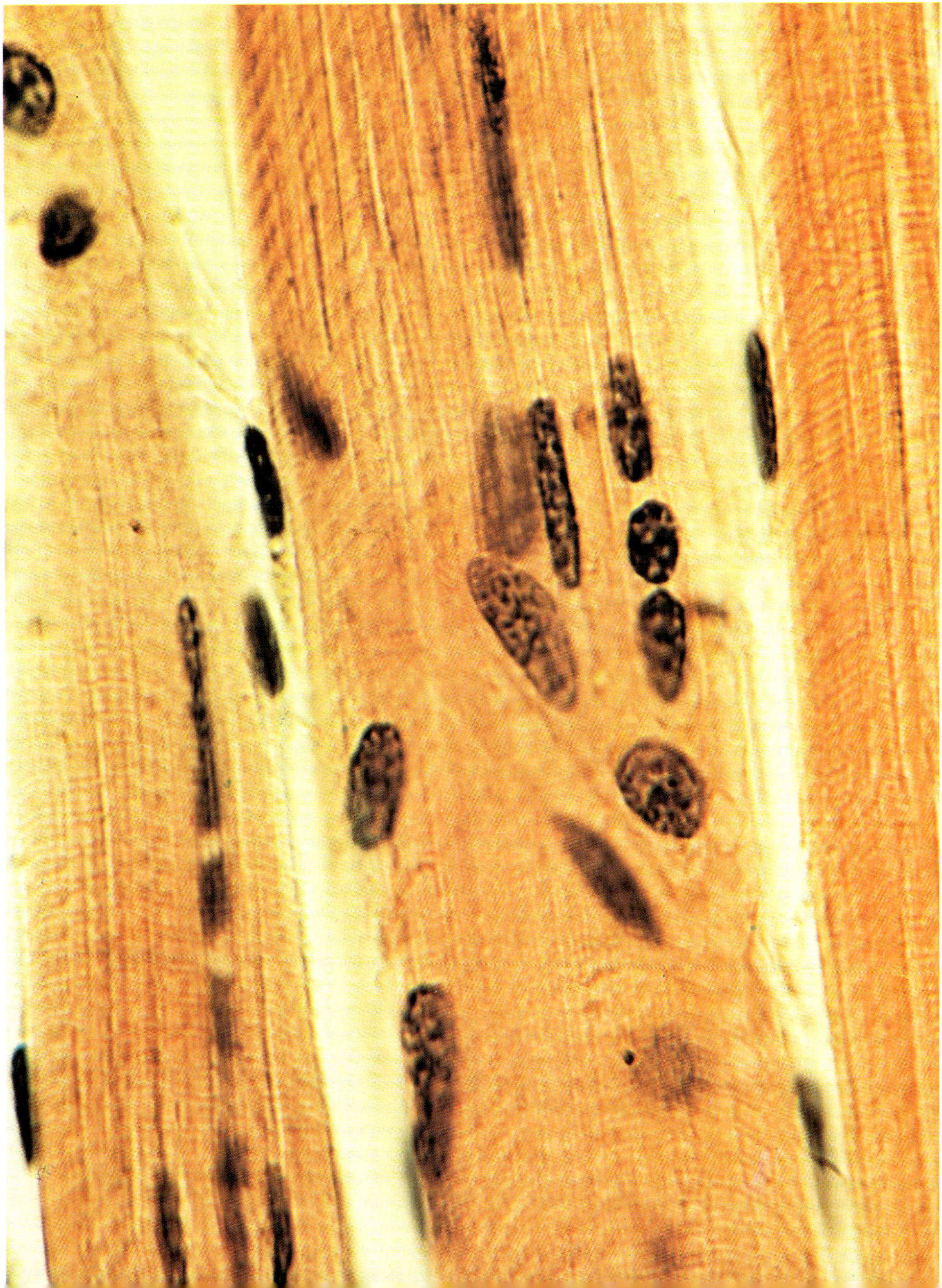

26

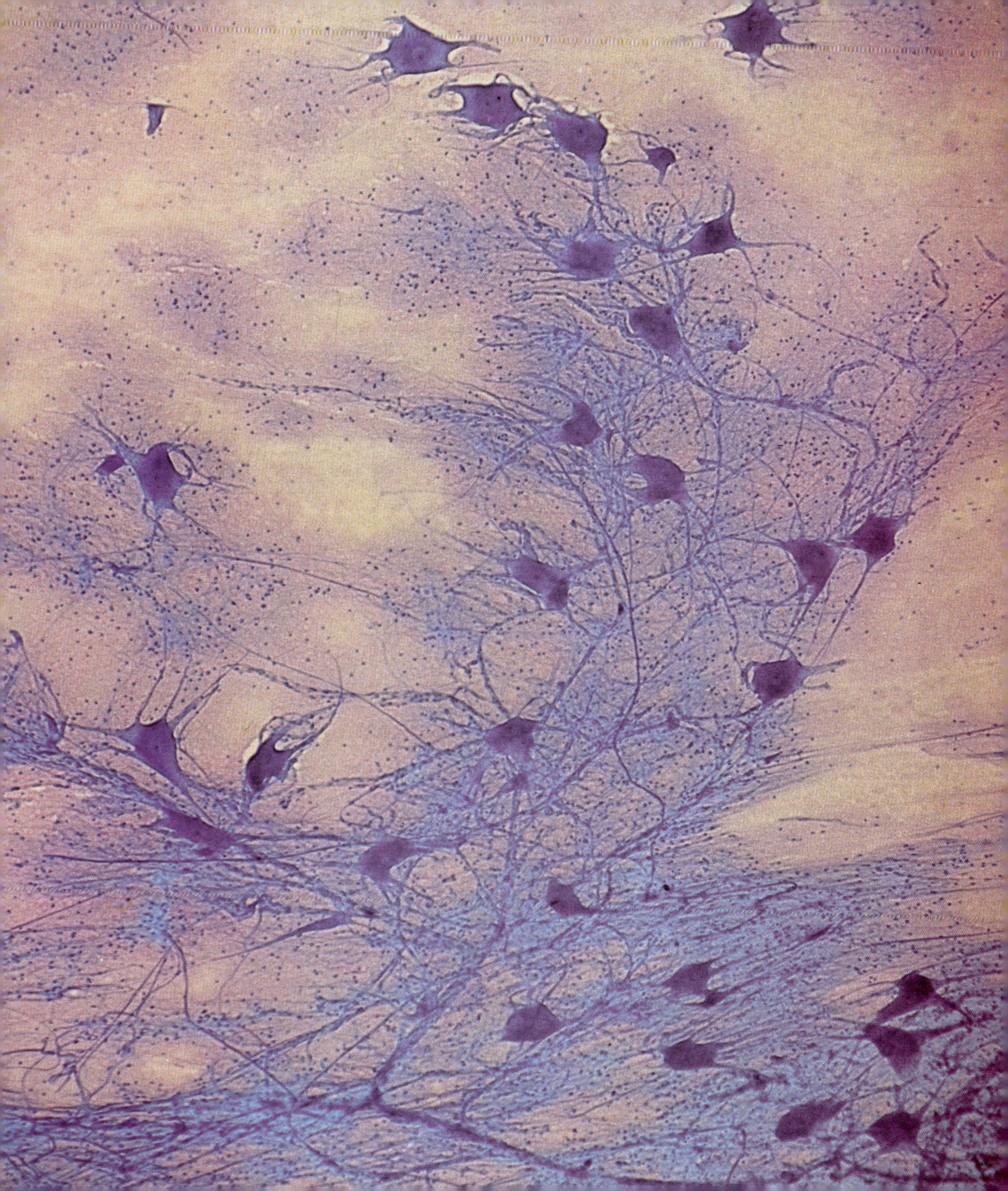

30

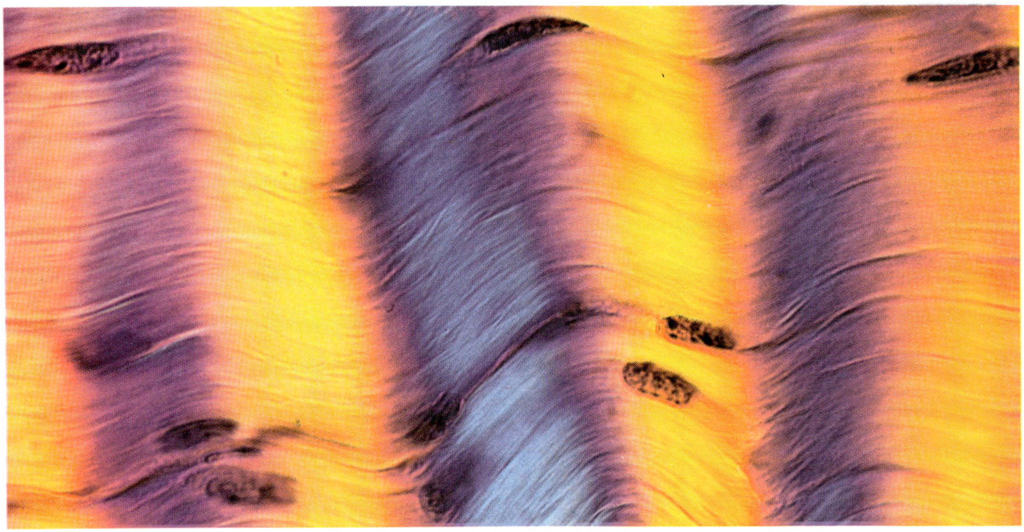

31

32

33

## 28 Isolierte, gefärbte Nervenzellen

Neuriten und Dendriten bilden in diesem mikroskopischen Präparat ein dichtes Netzwerk. Die Nerven des Körpers bestehen aus Hunderten oder Tausenden von Fortsätzen, und die Nervenzellen (Ganglienzellen) sind hochspezialisiert, womit sie sich sehr wesentlich von anderen Gewebszellen unterscheiden.

Die Nervenzellkörper liegen konzentriert im Zentralnervensystem, doch finden sie sich in Gruppen (Ganglien) auch in der Nähe verschiedener innerer Organe; ihre Fortsätze verzweigen sich dann über den ganzen Körper. Sie liegen in Strängen beisammen, die wiederum zu einem Bündel vereinigt sein können, oder folgen den Leitungen innerhalb des zentralen Nervensystems; in diesem Falle bezeichnet man sie als Nerven- oder Leitungsbahnen. Unterschieden wird zwischen Nerven, die Impulse zum Gehirn oder Rückenmark leiten (afferente, sensible, zentripetale Nerven), und solchen, die zu den Körperorganen führen (efferente, motorische, zentrifugale Nerven).

## 29 Motorische Endplatten – nervöse Kontakte zwischen einem Nerv und einer Muskelzelle

Erreicht ein nervöser Impuls eine solche Endplatte, so werden dort sog. Überträgerstoffe freigesetzt, welche die Fähigkeit haben, andere Zellen zu beeinflussen und zu aktivieren. Das Azetylcholin ist die Substanz, die hier freigesetzt wird und die Nervenimpulse überträgt. Sobald sie ihre Wirkung erzielt, also eine Muskelkontraktion ausgelöst hat, wird sie durch das Ferment Cholinesterase gespalten. Der Kontraktionsgrad des einzelnen Muskels wird ebenso wie die Abstimmung verschiedener Muskelgruppen vom Zentralnervensystem überwacht und geregelt. Das Gehirn sendet nämlich nicht nur über die motorischen Nerven Befehle an die Muskulatur, sondern erhält ständig auch Rückmeldungen über die Ausführung dieser Befehle aus speziellen Spannungs- und Dehnungssinnesorganen im Muskel, den Muskelspindeln.

Das Azetylcholin kann nicht nur an den Verbindungsstellen zwischen Nerven und Muskeln, sondern auch an den Synapsen zwischen verschiedenen Nervenzellen im Zentralnervensystem und in den Ganglien sowie an den Nervenendigungen freigesetzt werden und die Impulse übertragen.

## 30 Knochenspongiosa in einem Wirbelkörper

Das Skelett – Gerüst für die Muskulatur und ein Schutz für viele innere Organe des Körpers – besteht beim erwachsenen Menschen aus 206 Knochen, von denen etwa 60 den Extremitäten zugehören. Es macht ca. 18% des Körpergewichts aus. Die meisten Knochen sind miteinander durch Gelenke verbunden. Ihre Substanz ist eine starre Form des Bindegewebes. Die Oberfläche besteht aus einer kompakten Knochenschicht (*Kompakta*), die Innenschicht aus einem feinen Gerüstwerk von Knochenbälkchen (*Spongiosa*), deren Hohlräume mit rotem Knochenmark ausgefüllt sind. Die *Spongiosa* verleiht dem Skelett bei minimalem Gewicht ein Maximum an Festigkeit.

Auf dem Bild (ca. 50fache Vergrößerung) erkennt man links eine knorpelige Zwischenwirbelscheibe (Bandscheibe). Die *Spongiosa*bälkchen im Wirbelkörper bilden ein druckelastisches Maschengitter.

## 31 Längsschnitt durch eine Sehne

Sehnen, weiche Bänder aus Bindegewebe, lassen sich nicht dehnen. Sie bestehen aus parallelen Fasern, die an ihrem Ende in das Faserwerk des Knochens einmünden.

Die Aufnahme – in polarisiertem Licht – zeigt die gewellten Sehnenfasern und zwischen ihnen die spindelförmigen Sehnenzellen mit ihren ovalen Kernen.

## 32 Querschnitt durch Knochengewebe

Das Knochengewebe ist aus konzentrischen, röhrenförmigen Lamellensystemen aufgebaut, in deren Innerem die Blutgefäße und Nerven des Knochens verlaufen. Die Lamellen bestehen aus Wicklungen von Bindegewebsfasern, die durch organische Substanzen und Kalksalze miteinander verkittet sind. Sie werden von den Knochenzellen (*Osteozyten*) abgeschieden; auf dem Bild (Vergrößerung etwa 100fach) sind diese als feine schwarze Punkte sichtbar. Über feinverzweigte Plasmaausläufer stehen die Knochenzellen miteinander, aber auch mit den Gefäßwänden in Kontakt; der Knochen wird auf diese Weise ernährt. Durch fortwährende Auf- und Abbauprozesse paßt er sich den jeweiligen Belastungen an; hieran sind spezielle Zellen, die Knochenbildungszellen (*Osteoblasten*) und die mehrkernigen *Osteoklasten* (sie sorgen für den Abbau gebildeter Knochensubstanz, da nicht ständig Knochensubstanz aufgebaut werden kann) beteiligt.

## 33 Schrägschnitt durch ein Knochenlamellensystem

bei etwa 200facher Vergrößerung.

## 34 Junge rote Blutkörperchen

Die Blutmenge eines erwachsenen Menschen beträgt normalerweise 5-6 Liter. Es gibt drei Arten von Blutkörperchen: die roten (*Erythrozyten*) und die weißen *(Leukozyten)* Blutkörperchen sowie die Blutplättchen (*Thrombozyten*). Letztere spielen bei der Blutgerinnung eine wichtige Rolle, und ein Mangel an Blutplättchen kann zum Auftreten von Blutungen führen. 1 $mm^3$ Blut enthält normalerweise 20000-300000 Blutplättchen. Sie bilden sich im Knochenmark aus den Knochenmarkriesenzellen (*Megakaryozyten*).

Im Gegensatz zu den reifen roten Blutkörperchen besitzen die jungen *Erythrozyten* noch einen Zellkern, wie das Bild zeigt. Ihre Bildung erfolgt im roten Knochenmark, und pro Sekunde werden etwa 2-3 Millionen in die Blutbahn entlassen. Zuvor jedoch bilden sich die Kerne zurück und werden aus der Zelle ausgestoßen.

## 35 Ausgereifte rote Blutkörperchen

Oben und unten im Bild sind noch drei kernhaltige Erythrozyten zu sehen. Hauptaufgabe der roten Blutkörperchen ist der Sauerstofftransport aus der Lunge in die Gewebe. Auf ihrem Rückweg führen sie das freiwerdende Kohlendioxid wieder zur Lunge. Die rundlichen Scheibchen haben einen Durchmesser von etwa 0,007 mm. Sie bestehen zu 75% aus Wasser und enthalten Kaliumsalze sowie das *Hämoglobin,* den roten Blutfarbstoff. *Hämoglobin* ist eisenhaltig, kann Sauerstoff binden und ihn in den Geweben an die sauerstoffbedürftigen Zellen wieder abgeben. 1 $mm^3$ Blut enthält normalerweise 4-6 Millionen *Erythrozyten;* ihre Gesamtoberfläche beträgt beim Erwachsenen ca. 3000 $m^2$. Ein *Erythrozyt* lebt knapp vier Monate. Er wird in der Milz, in der Leber und im Knochenmark abgebaut. Das dabei freiwerdende Eisen wird gespeichert und zur Bildung neuer *Erythrozyten* verwendet.

## 36 Ausgereifte weiße Blutkörperchen

Im Gegensatz zu den roten Blutkörperchen besitzen die weißen – auch wenn sie ausgereift sind – Zellkerne. Sie sind beweglich, und 1 $mm^3$ Blut enthält 6000-8000 *Leukozyten.* Hierbei unterscheidet man zwischen *Granulozyten* (Anteil 68%), *Lymphozyten* (Anteil 27%) und *Monozyten* (Anteil 5%); natürlich können die Prozentzahlen etwas variieren. *Granulozyten* und die meisten *Monozyten* entstehen im roten Knochenmark, die anderen in den lymphatischen Organen (Lymphknoten, Milz). Die weißen Blutkörperchen haben die Fähigkeit, Bakterien und Fremdkörper aufzunehmen und dadurch unschädlich zu machen; der Vorgang gehört zu den wichtigsten Abwehrmechanismen des Körpers.

## 37 Rote Blutkörperchen

Das Bild zeigt *Erythrozyten* im polarisierten Licht, aufgenommen mit dem Interferenzkontrastmikroskop.

## 38-40 Weißes Blutkörperchen in Aktion

Diese Bildserie zeigt unter dem Rasterelektronenmikroskop einen *Monozyten,* wie er Bakterien unschädlich macht. Das weiße Blutkörperchen nähert sich einer Gruppe von Bakterien (grüne Kugeln; oben links), umgreift sie mit den Plasmafortsätzen (oben rechts) und nimmt sie in seinen Zelleib auf (unten). Dieser Vorgang wird als Phagozytose bezeichnet.

## 41 Die Herzklappen

Die Richtung des Blutstromes im Herzen wird durch Segelklappen zwischen den Vorhöfen und den Kammern gewährleistet. Die Herzklappe zwischen linkem Vorhof und der linken Kammer besteht aus zwei (*Mitralis*), die zwischen dem rechten Vorhof und der rechten Kammer aus drei Segeln (*Tricuspidalis*). Die Segelklappen sind eine Duplikatur der inneren Herzhaut. Rechts unten im Bild erkennt man das obere Ende des Papillarmuskels, von dem die sehnigen Fasern ausgehen, die die Klappenbewegungen dirigieren. Die Herzklappen öffnen und schließen sich etwa 4000-5000mal pro Stunde.

Auch zwischen jeder Kammer und den von ihr ausgehenden Arterien befinden sich Klappen. Die Pulmonal- (zwischen rechter Herzkammer und der Lungenschlagader) und Aortenklappen (zwischen linker Herzkammer und der Körperschlagader) regulieren hier den Blutstrom und hindern den Rückfluß des Blutes zum Herzen. Sie bestehen aus drei taschenähnlichen Falten (Taschenklappen) mit Sehnenfasern.

## 42-44 Ein Blick in das Herz

Das linke Bild zeigt einen Blick vom Grunde der rechten Herzkammer gegen den rechten Vorhof; oben, ausgehend von einem kräftigen Papillarmuskel, das sehnige Fasernbündel, welches an einem Segel der Tricuspidalklappe ansetzt. Diese verhindert bei der Kammerkontraktion das Zurückströmen des Blutes in den Vorhof, so daß der Blutstrom – er drückt auf die Pulminalklappe und öffnet sie – in die Lungenarterie und damit in den kleinen Kreislauf getrieben wird.

Die beiden rechten Bilder zeigen die linke Herzkammer; oben ist sie mit Blut gefüllt, unten nach der Kontraktion leer. Man erkennt die dreiteilige Taschenklappe zur Aorta.

Das Herz ist ein Hohlmuskel (etwa von der Größe einer geballten Faust); durch eine Scheidewand wird es in eine rechte und linke Hälfte geschieden. Das Herz hat die Aufgabe, durch wechselnde Kontraktion und Erschlaffung der Muskelfasern den Blutstrom in der Gefäßbahn in Bewegung zu halten. Das Blut wird von der rechten Herzhälfte im kleinen (Lungen-)Kreislauf in die Lungen gepumpt, wo es Sauerstoff aufnimmt und Kohlendioxid abgibt, während die linke Herzhälfte über die Lungenvenen das sauerstoffreiche Blut von den Lungen erhält und es dann in die Aorta (bei jeder Kontraktion der Herzkammer 70-100 ccm Blut) treibt. Aus den verschiedenen Teilen des Körpers fließt das Blut im großen (Körper-)Kreislauf wieder zum rechten Herzen zurück. Von dort gelangt es erneut in den kleinen Kreislauf.

34

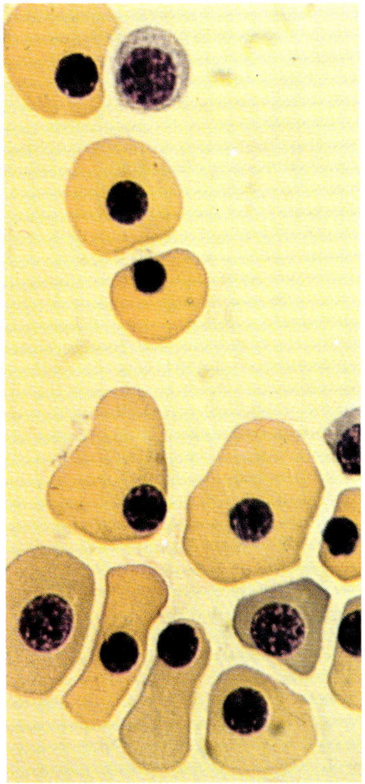

35

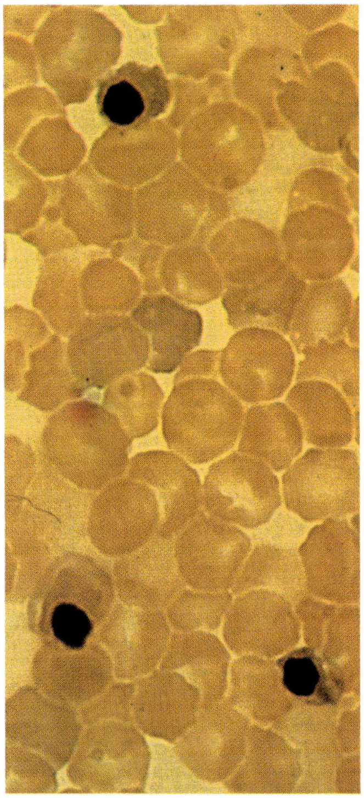

36

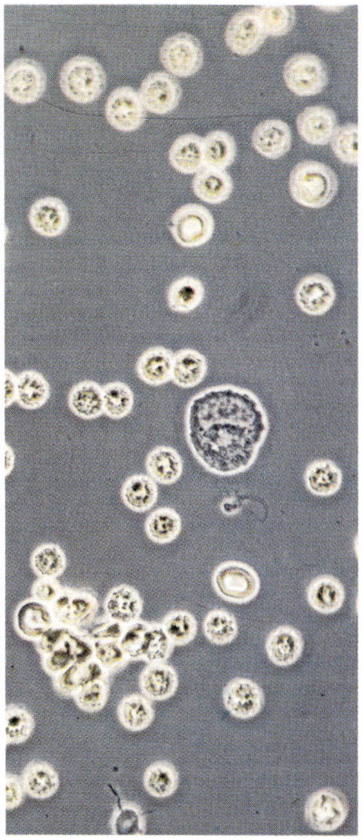

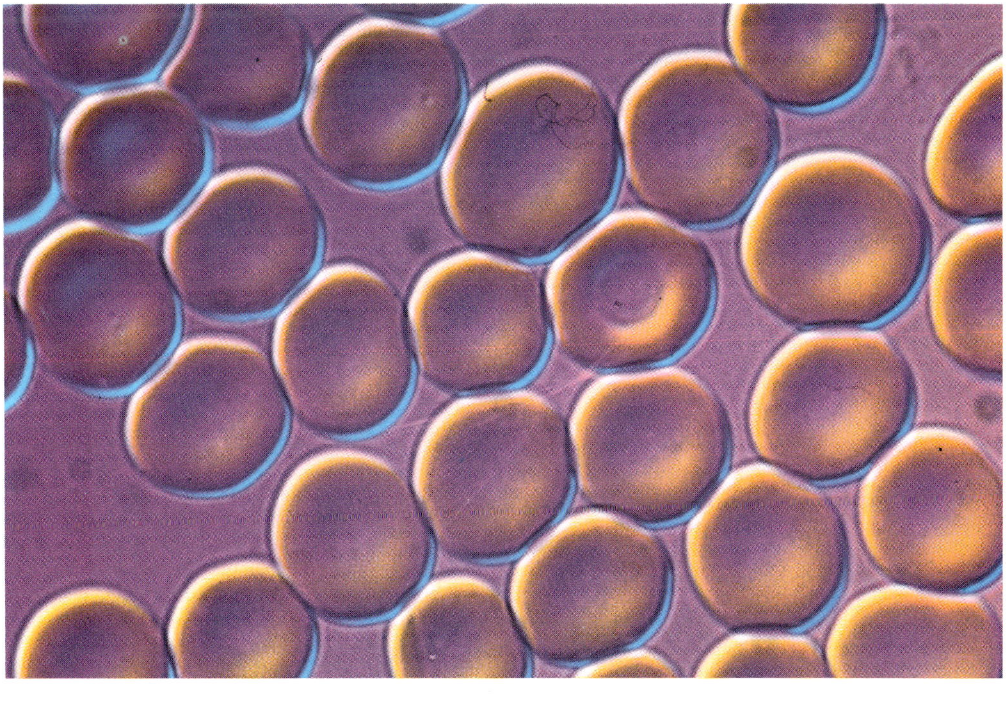

37

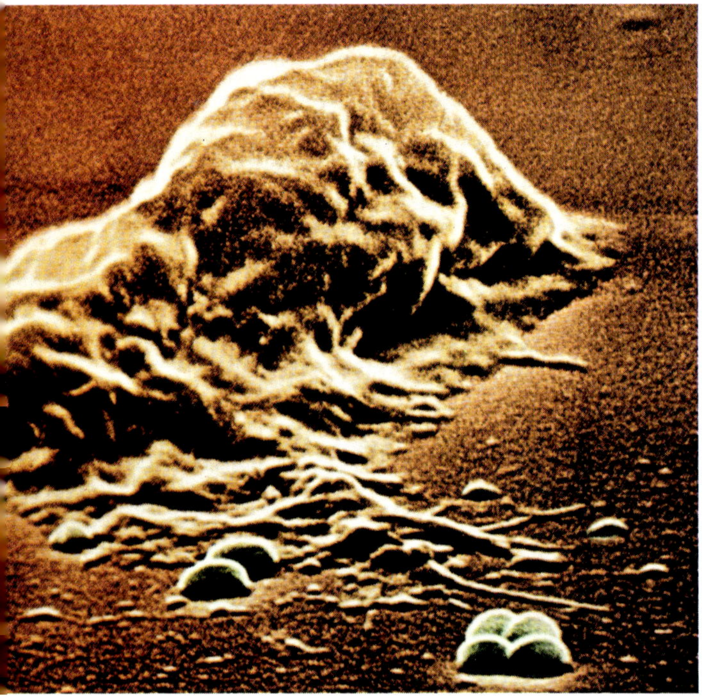
38

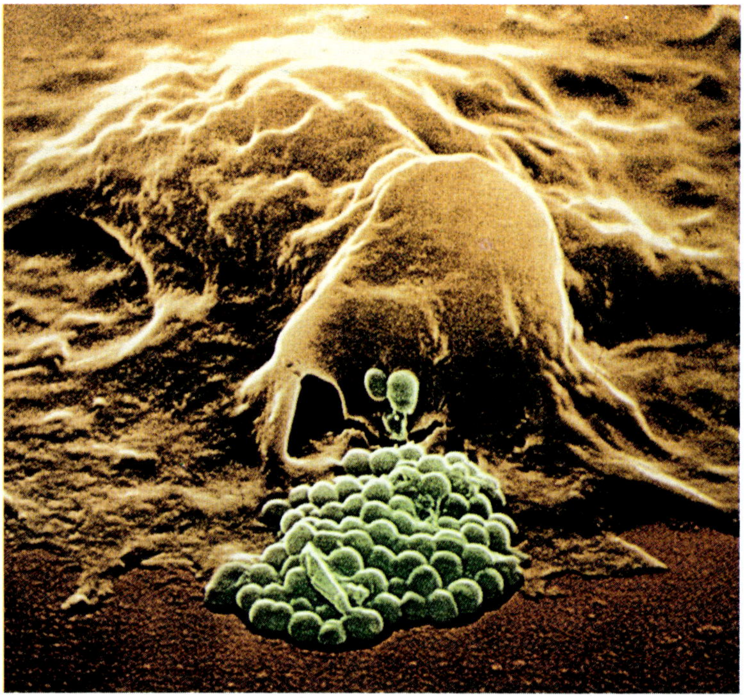
39

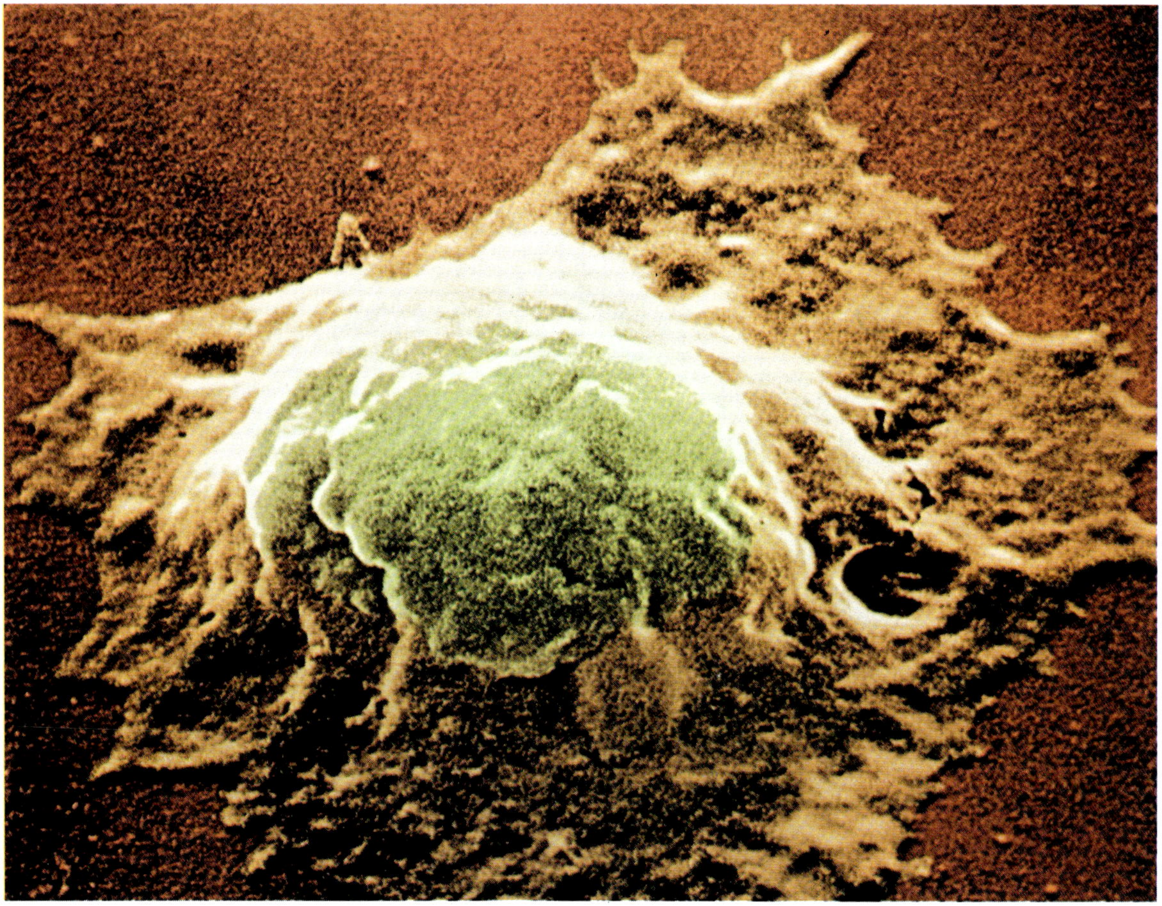
40

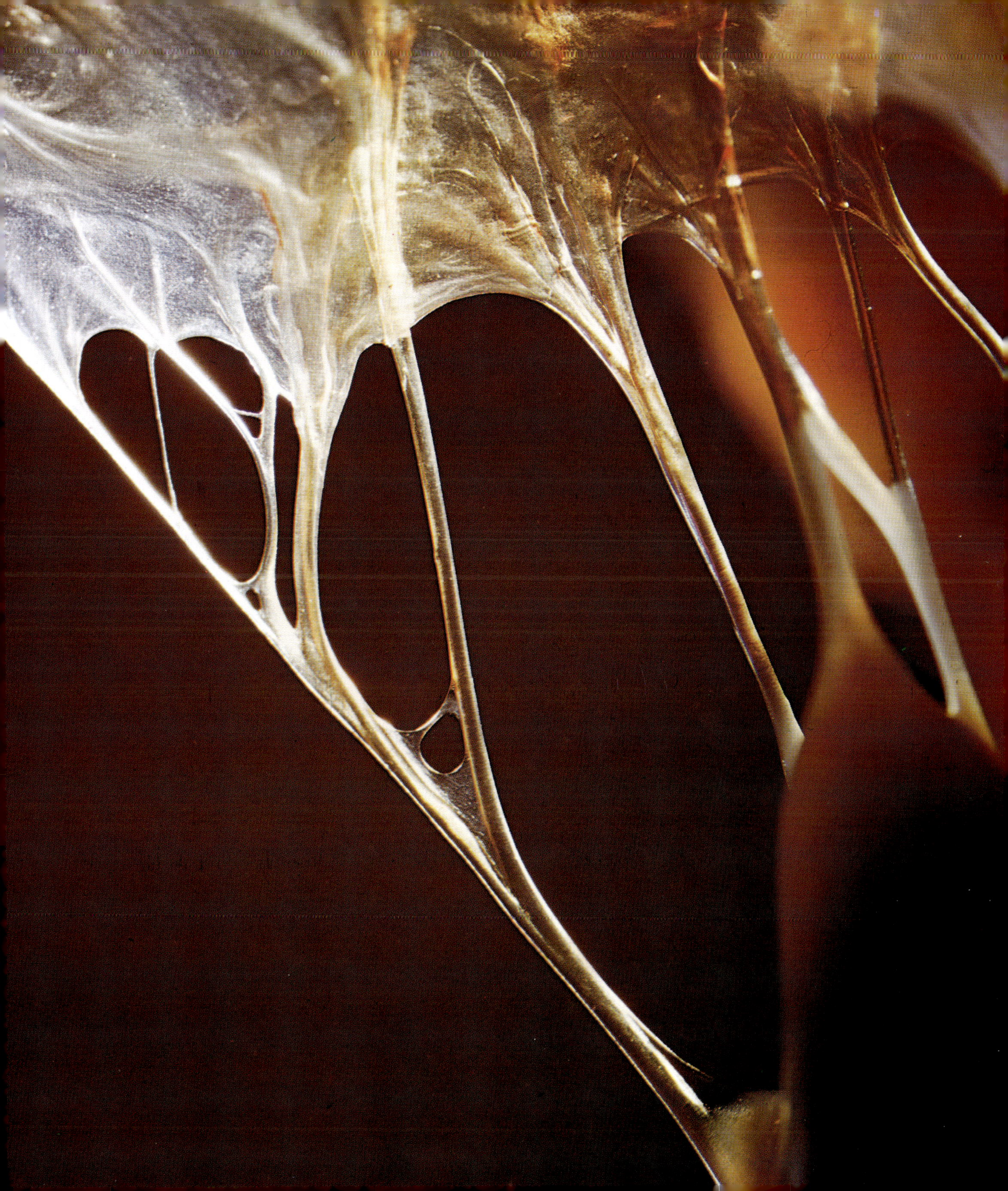

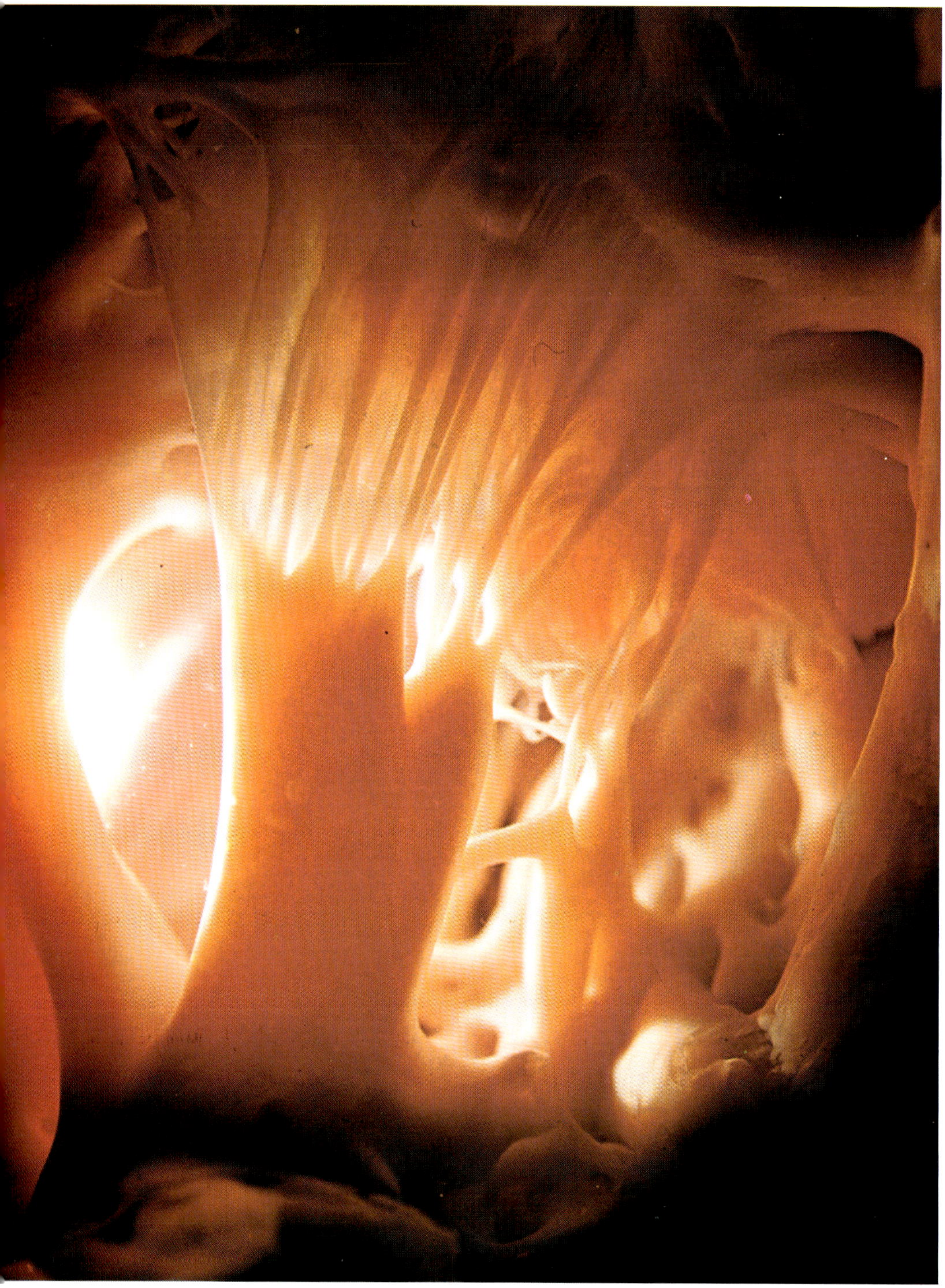

42

43

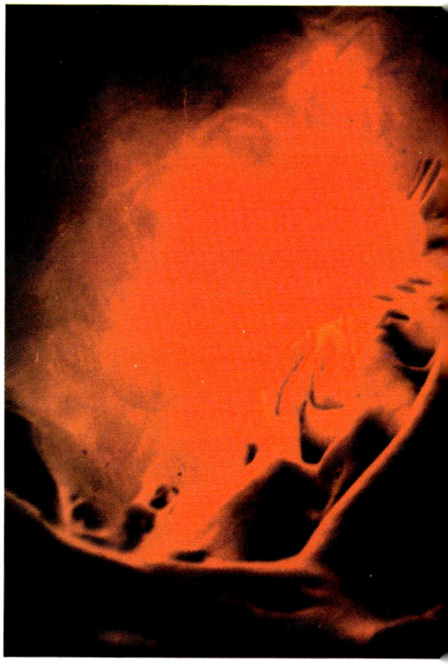

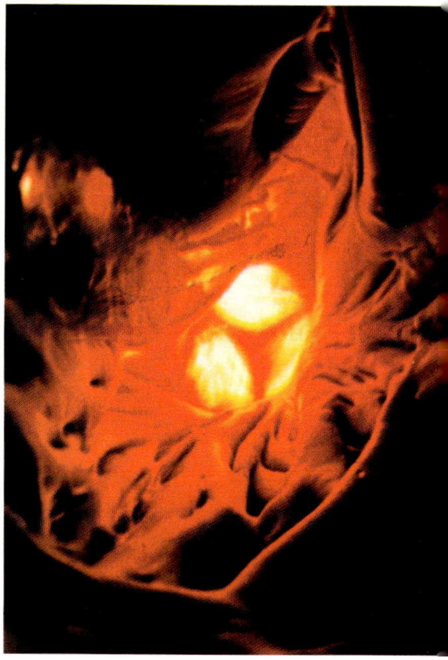

44

45

46

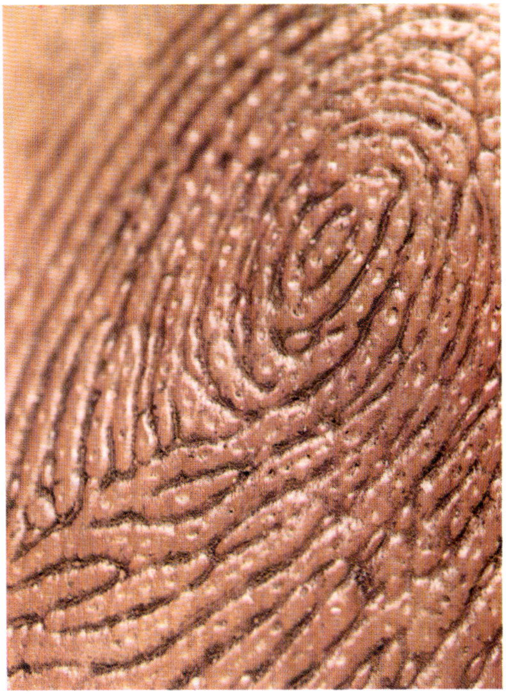

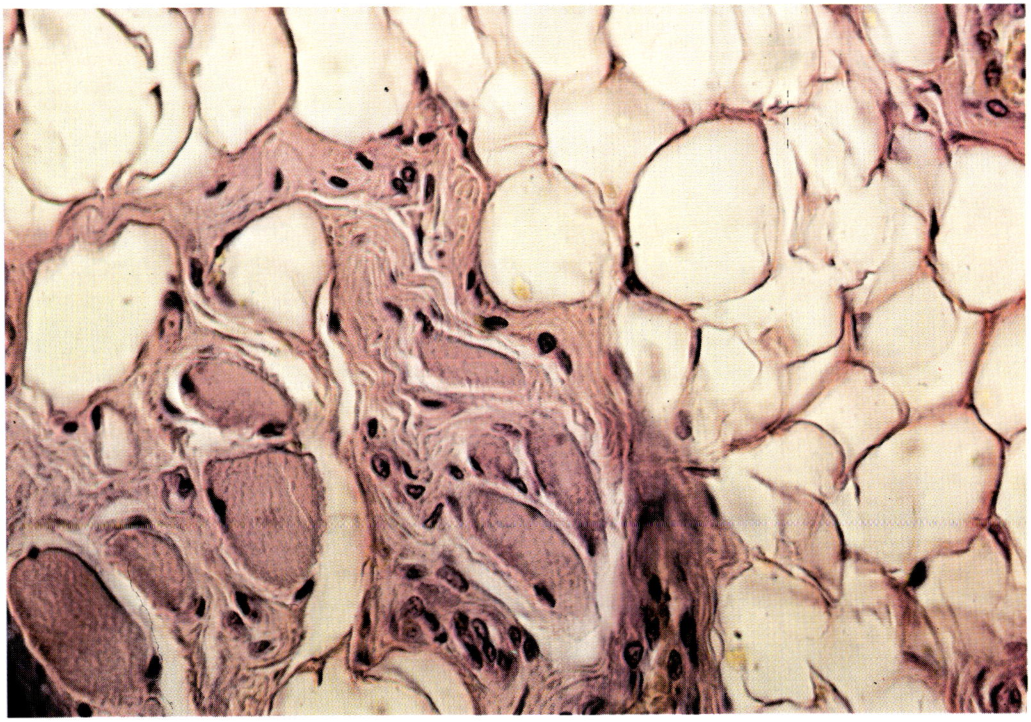

47

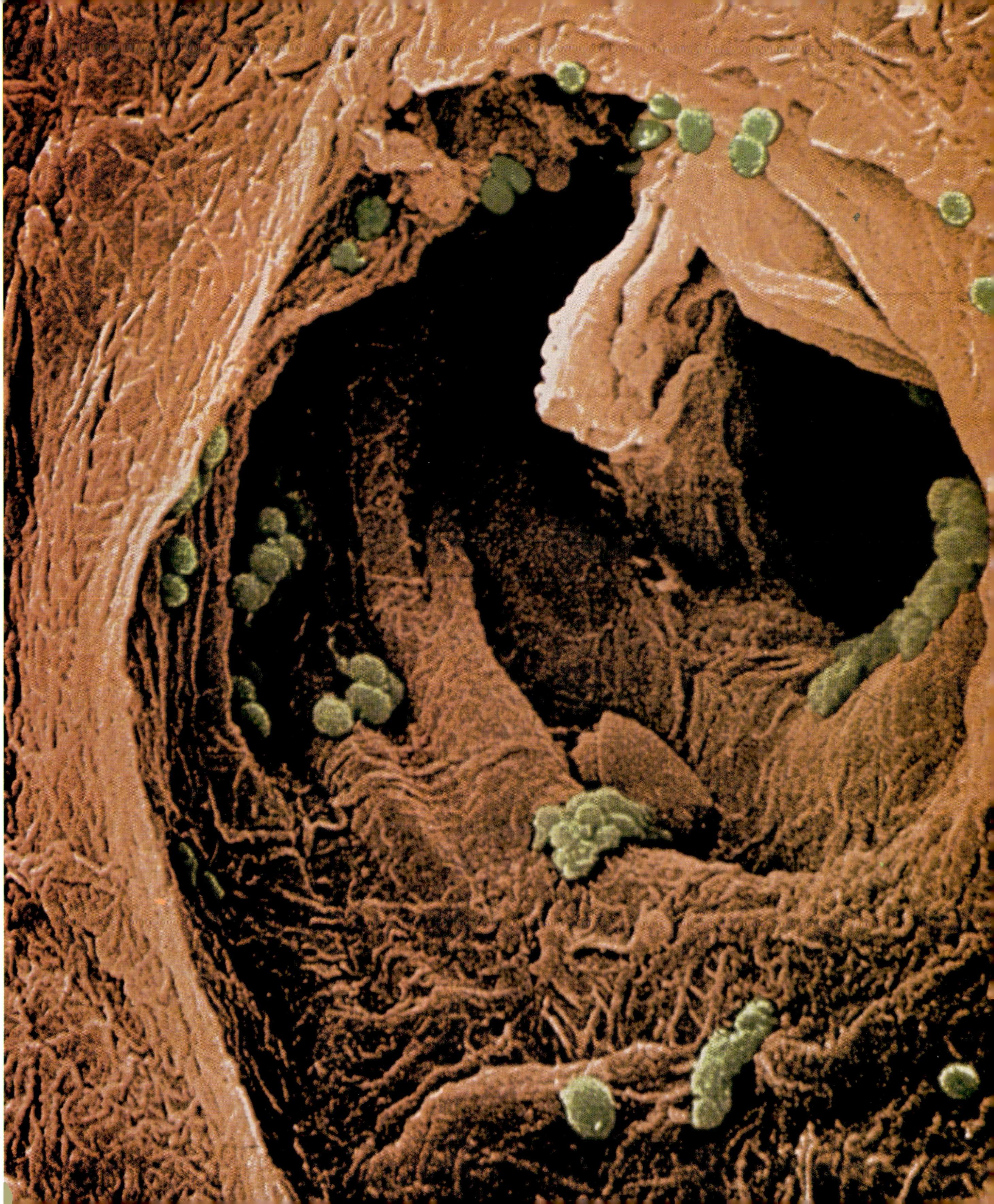

49

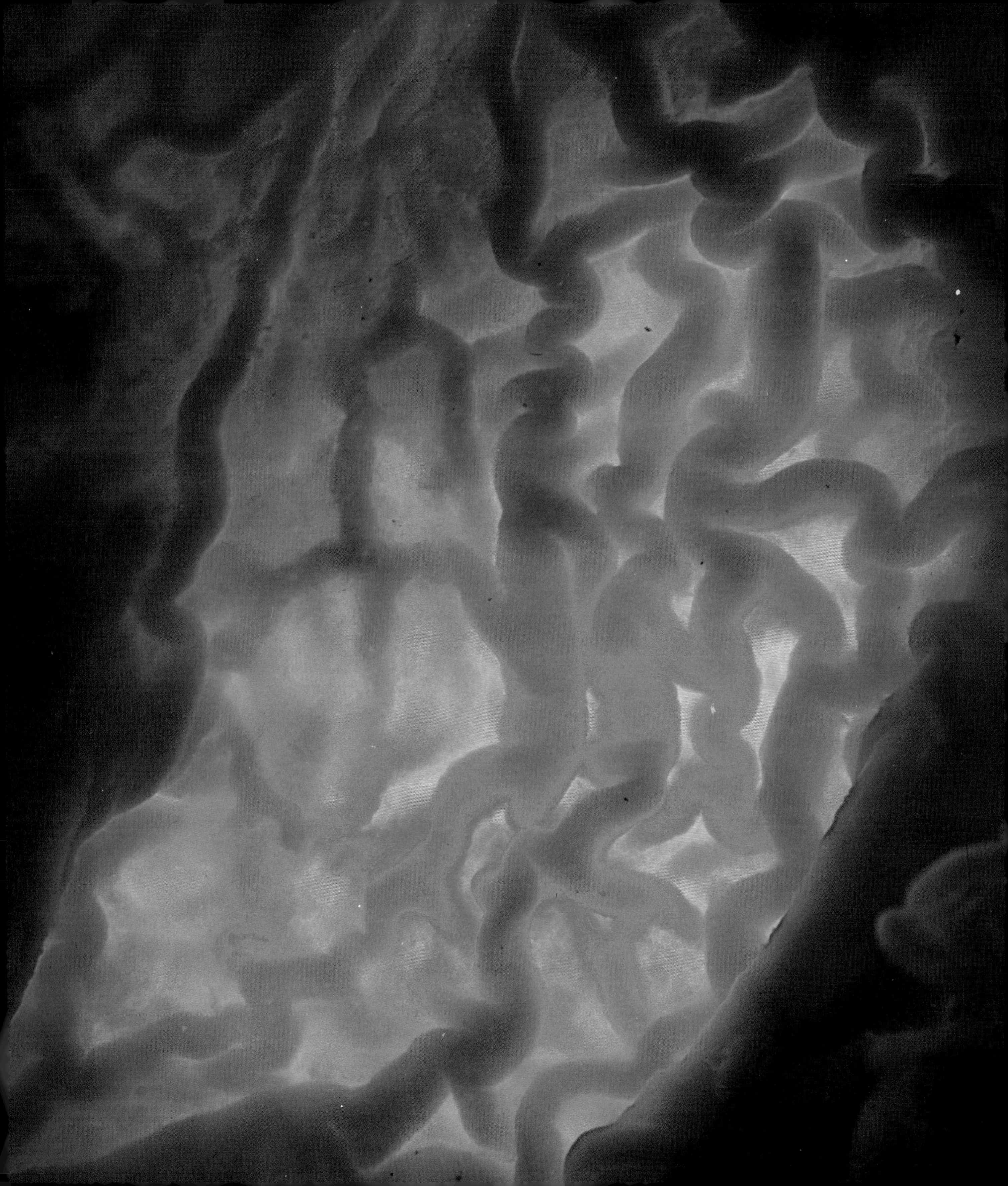

## 45 Querschnitt durch die Haut

Die Haut (*Cutis*) bedeckt die gesamte Oberfläche des Körpers, das sind 1,5-2 $m^2$. Sie schützt das darunterliegende Gewebe vor mechanischen Verletzungen und thermischen Schädigungen, verhindert das Eindringen von Bakterien, dient der Temperaturregelung (Wärmeausgleich) und Exkretion (über die Schweißdrüsen) und hat eine Sinnesfunktion (ihre sensiblen Nervenendigungen übermitteln Sinneseindrücke aus der Umgebung).

In der Haut lassen sich drei Gewebeschichten abgrenzen: die Epithelschicht (*Epidermis*) mit mehrschichtigem Plattenepithel; die Lederschicht (*Corium*) mit einer zarten bindegewebigen Papillarschicht und einer mächtigen Schicht aus elastischen und kollagenen Fasern; das Unterhautbindegewebe (*Subcutis*), das hauptsächlich aus lockerem Binde- und Fettgewebe besteht. Sie ist die dickste dieser drei Schichten und wirkt als „Stoßdämpfer" und isolierend gegen die wechselnden Außentemperaturen. Auch steht sie in einem direkten Kontakt mit den Muskeln und den anderen darunter befindlichen Geweben.

Die gefäßlose äußerste Schicht ist selten mehr als 0,2 mm dick. Die Epithelzellen sterben nach außen hin ab und wandeln sich zu platten Hornschüppchen um. Besonders stark ist die Hornschicht an den Innenflächen der Hand und an den Fußsohlen; sie sind vergleichsweise dem stärksten Druck ausgesetzt. Zwischen den Epithelzellen der Oberhaut liegen pigmentbildende Zellen *(Melanozyten)*. Die Talgdrüsen öffnen sich in Haarfollikel; ihre fettigen Sekrete halten die Epidermis feucht und geschmeidig.

## 46 Hautleistenmuster der Fingerspitze

An den Fuß- und Handflächen ist die Hautoberfläche als Leistenhaut ausgebildet. Das Muster der Papillarleisten bleibt während des gesamten Lebens gleich und ist für jedes Individuum verschieden. Es wird durch Furchen aus der Lederhaut gebildet. Auf den Hautleisten münden – hier als Punktreihen sichtbar – zahlreiche Schweißdrüsen.

## 47 Fettpolster im Unterhautbindegewebe

Auf dem gefärbten Schnitt durch die *Subcutis* sieht man, eingebettet in faseriges Bindegewebe (rote Fasern mit schwarzen Kernen), eine Anzahl großer, blasiger Fettzellen. In der Mitte unten und links einige große runde Anschnitte quergestreifter Skelettmuskelfasern mit randständigen Kernen; oben rechts und am unteren Bildrand in der Mitte Querschnitte kleiner Arterien. Die Fettpolster und Gefäße gehören zum Temperaturregulationssystem des Körpers. Letztere können den Blutstrom und damit die Wärmeabgabe aus der Haut regeln, das Fett wirkt als Isolationsmasse.

## 48 Die behaarte Kopfhaut

Das Bild wurde unter dem Rasterelektronenmikroskop bei sehr starker Vergrößerung gemacht. Haare entwickeln sich – wie die Nägel – aus der Hornschicht der Oberhaut und bestehen aus einer härteren Hornsubstanz, dem Keratin. Der sichtbare Haarteil wird als Schaft bezeichnet; die Haarwurzel ist in den Haarfollikel eingebettet und liegt 3-5 mm unter der Hautoberfläche.

## 49 Eine Schweißdrüsenmündung

Schweißdrüsen liegen in der *Subcutis.* Sie ähneln kleinen Wollknäueln und münden direkt auf der Hautoberfläche durch feine Poren oder in ein Haarfollikel. Man schätzt, daß ein Erwachsener etwa 2 Millionen Schweißdrüsen besitzt und die gesamte Körperoberfläche normalerweise täglich etwa $^1/_2$ Liter sezerniert. Bei anstrengender Arbeit und großer Hitze kann diese Menge auf bis zu 4 Liter pro Tag ansteigen. Dabei wird Energie verbraucht, und es kommt zu erheblichen Kochsalzverlusten. Die Schweißdrüsen sind Ausscheidungsorgane für Wasser (etwa 99%), Kochsalz und stickstoffhaltige Abbauprodukte; die Haut unterstützt somit also die Nierenfunktion. Schweiß ist normalerweise geruchlos. Erst durch bakterielle Zersetzung an der Hautoberfläche entsteht dann der charakteristische Schweißgeruch.

Das Bild zeigt eine Schweißdrüsenmündung in ca. 3500facher Vergrößerung unter dem Rasterelektronenmikroskop. Die grünkolorierten Partikel auf der Hautoberfläche sind Bakterien. Die Drüsenmündungen, Haarfollikel und geringfügige Verletzungen bieten den Bakterien Verstecke, die selbst jeder mechanischen Reinigung widerstehen.

## 50 Die reichgefaltete Mageninnenfläche

Dem eigentlichen Verdauungstrakt vorgeschaltet ist der Magen. Sein Fassungsvermögen beträgt 1,6-2,4 Liter. Die Nahrung bleibt je nach Zusammensetzung 1-5 Stunden im Magen. Seine Aufgabe ist es, die Nahrung durchzukneten und die Verdauung einzuleiten. Am Mageneingang (*Cardia*) mündet die Speiseröhre ein, an den Magenausgang (*Pylorus*) schließt sich der Zwölffingerdarm – der erste Abschnitt des Dünndarms – an; ein kräftiger, ringförmiger Schließmuskel regelt an diesen Stellen den Zu- und Abgang der Nahrung. Die Magenwand besteht aus drei dicken Muskellagen. Die Mageninnenfläche ist reich gefaltet, was zur Dehnbarkeit des Magens beiträgt und seine Oberfläche vergrößert. Die Drüsen der Magenschleimhaut (rund 35 Millionen) produzieren den Magensaft, eine Flüssigkeit, die Wasser, Salze, Salzsäure und Fermente (Pepsin) enthält; die hochprozentige Salzsäure wirkt auch keimtötend. Gegen ihre selbstverdauende Wirkung ist der Magen normalerweise durch eine widerstandsfähige Schleimschicht auf seiner Schleimhautinnenfläche geschützt. Während der Verdauungsvorgänge wird der Mageninhalt durch wellenartige Kontraktionen der Muskulatur in der Magenwand immer wieder gründlich vermischt und durchgeknetet.

## 51 Eine Dünndarmschlinge mit Mesenterium

Der stark gewundene Dünndarm (*Intestinum tenue*) hat eine Länge von 3-6 m. Er ist der wichtigste Abschnitt des Verdauungskanals. Das Anfangsstück bezeichnet man als Zwölffingerdarm (*Duodenum*; etwa 12 Querfinger lang); er liegt an der Rückwand der Bauchhöhle, und in ihm wird dem Nahrungsbrei, nachdem er den Magen verlassen hat, Gallen- und Bauchspeichelsaft beigemengt. Ersterer fördert die Resorption von Fetten im Darm; der Bauchspeichelsaft ist durch seinen hohen Gehalt an Verdauungsfermenten maßgeblich an den Verdauungsvorgängen im Darm beteiligt. Durch wellenförmig ablaufende Bewegungen wird die Nahrung etwa 2-3 m in der Minute weitergeschoben und gelangt in den Gekrösedarm, der durch gefäßreiche Bindegewebsfalten (*Mesenterium*) an der hinteren Bauchwand befestigt ist. Im *Mesenterium* verlaufen die Blut- und Lymphgefäße sowie die Eingeweidenerven zum Darm. Dauernd ist die Darmwand in Bewegung und übt dadurch eine mechanische Verdauungsfunktion aus. Im Gekrösedarm wird der Abbauprozeß durch die Fermente der vom Dünndarm gebildeten Darmsäfte zwar fortgesetzt, die wesentlichste Aufgabe dieses Abschnitts ist jedoch die Resorption der abgebauten Nahrungsstoffe in das Blut und in die Lymphe. Anschließend gelangt der Speisebrei in den Dickdarm. Im Bild erkennt man deutlich die feinverzweigten Blutgefäßnetze, die aus dem *Mesenterium* in die Darmwand einstrahlen und den Darm mit sauerstoffreichem Blut versorgen oder das nährstoffreiche Blut aus dem Darm zur Leber und zum Herzen transportieren.

## 52 Die Dickdarmschleimhaut

Der etwa $1\,^1/_2$ m lange Dickdarm (*Colon*) besteht aus dem unterhalb der Einmündungsstelle des Dünndarms gelegenen, blind endigenden Blinddarm (*Caecum;* mit einem 5-8 cm langen Wurmfortsatz, dem *Appendix*) und dem Grimmdarm; er geht in den Enddarm (*Rektum*) über. Da inzwischen die meisten Nährstoffe abgebaut und vom Körper aufgenommen worden sind, hat der Dickdarm vor allem die Aufgabe, das Wasser zu resorbieren, das einerseits den mit der Nahrung aufgenommenen Flüssigkeiten, z.T. aber auch dem Speichel, der Galle und den Sekreten der Bauchspeichel- sowie den Magen-Darm-Drüsen entstammt. Daneben werden im *Colon* verschiedene lebensnotwendige Elemente, wie Calcium, Magnesium und Eisen, ins Blut übergeführt. Außerdem lebt im Dickdarm eine reichliche und nützliche Bakterienflora (vor allem Kolibakterien), die bei der Synthese von Vitaminen eine bedeutende Rolle spielt.

Die Dickdarmschleimhaut hat keine Zotten, besitzt aber zahlreiche Becherzellen, in denen Schleim produziert wird.

**53 Ein Lungenflügel bei der Aus- und Einatmung**

Durch Ausdehnung des Brustkorbs wird die Luft in die Lungen eingesaugt und durch Zurückziehen in seine Ausgangslage wieder ausgepreßt. Das Bild zeigt in einer Fotomontage ein und denselben Lungenflügel bei der Aus- und Einatmung. Normalerweise macht ein erwachsener Mensch etwa 16 Atemzüge in der Minute, und es werden bei jedem rund 500 $cm^3$ Luft aufgenommen. Bei maximaler Einatmung (z. B. starker körperlicher Anstrengung) können bis zu weiteren 2000 $cm^3$ Luft eingesogen werden. Die Einatmungsluft besteht zu fast 21% aus Sauerstoff und aus Spuren von Kohlendioxid, die Ausatmungsluft zu 16,6% aus Sauerstoff und 4,4% aus Kohlendioxid. Bei beiden Vorgängen bleibt der Stickstoffanteil gleich (79%), da Stickstoff im Blut nicht gelöst wird.

**54-55 Ausschnitt aus der Lungenoberfläche eines dreijährigen Kindes**

Während die schwarzen Flecken in der oberen Abbildung darauf hindeuten, daß es sich um die Lungenoberfläche eines älteren Menschen handelt (Ruß- und Schmutzpartikel sind hier während eines längeren Großstadtlebens gespeichert worden), ist die Lunge des dreijährigen Kindes (2fache Vergrößerung) noch sauber. Erst mit zunehmendem Alter werden immer mehr Schmutzpartikel in den Lungengeweben abgelagert.

Nur ein kleiner Teil der Fremdkörper kann mit dem Strom der eingeatmeten Luft bis zu den Lungen vordringen. Die Luftröhre und die Bronchien sind von einer flimmertragenden, drüsentragenden Schleimhaut ausgekleidet. Die meisten Schmutzpartikel bleiben in deren Schleimüberzug hängen und werden durch rhythmische Aufwärtsbewegungen der sehr feinen Härchen aus den Atemwegen wieder zurückbefördert. Nicht immer jedoch ist die Reinigungskapazität ausreichend.

Die Abbildung auf der folgenden Seite oben zeigt einen Ausschnitt aus diesem unteren Bild in starker Vergrößerung.

**56 Die Lungenalveolen**

Die Lunge besteht zum großen Teil aus Lungenbläschen, den sog. Alveolen. Sie sitzen traubenförmig auf den Ausläufern der Bronchienäste und sind von einem Netzwerk aus Gitter- und elastischen Fasern umgeben. Durch die Alveolenwandungen findet der Gasaustausch statt, d. h., durch sie wird Sauerstoff aus der eingeatmeten Luft ins Blut abgegeben sowie Kohlendioxid aus dem Blut zurückdiffundiert und über die Ausatmungsluft ausgeschieden. Eine Alveole hat eine lichte Weite von 0,25 mm. Man rechnet, daß die beiden Lungenflügel zusammen 300-450 Mill. Lungenbläschen haben, die eine Atemoberfläche von etwa 100 $m^2$ darstellen.

Das Bild zeigt die Querschnitte von Alveolen bei 100facher Vergrößerung.

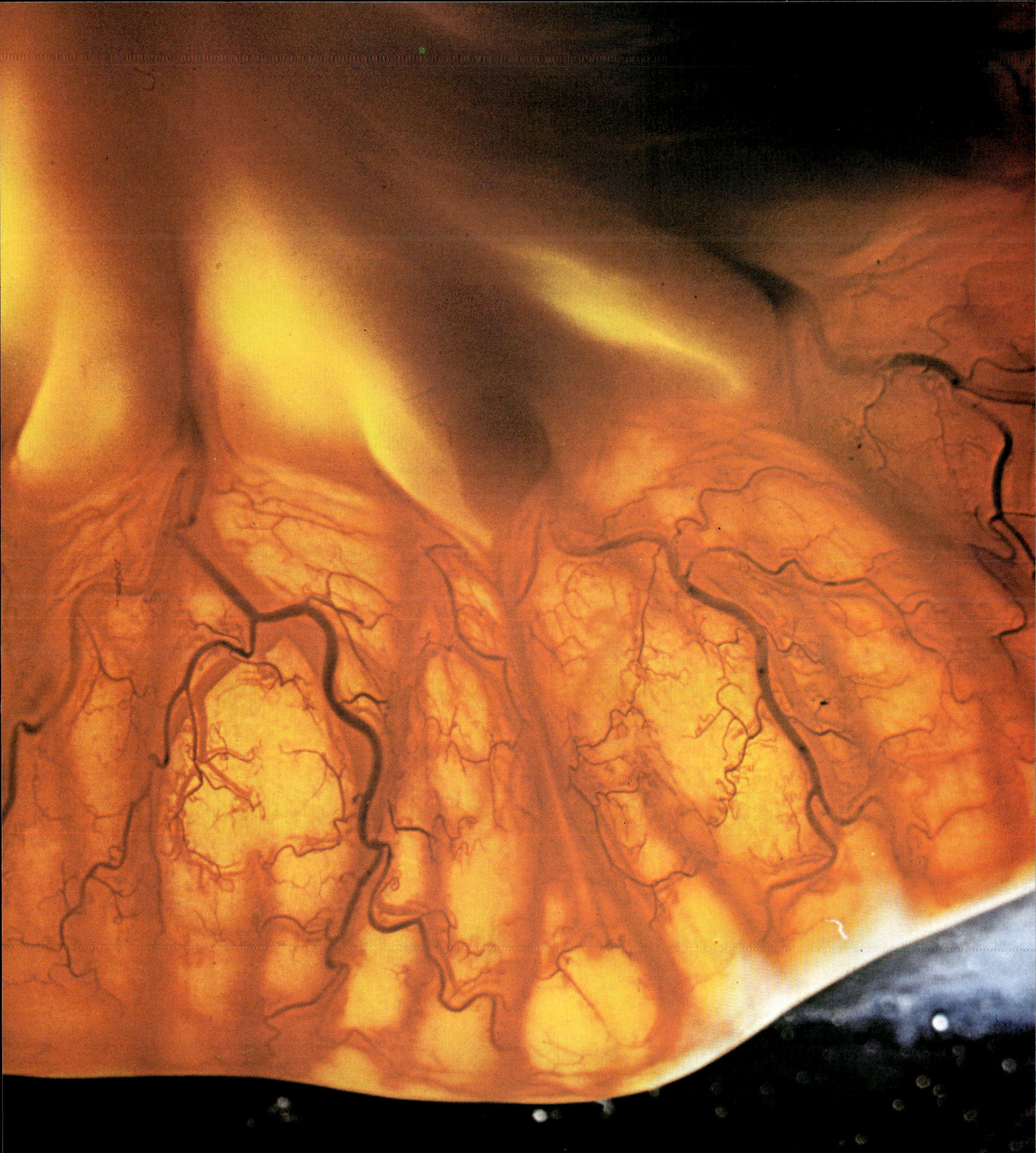

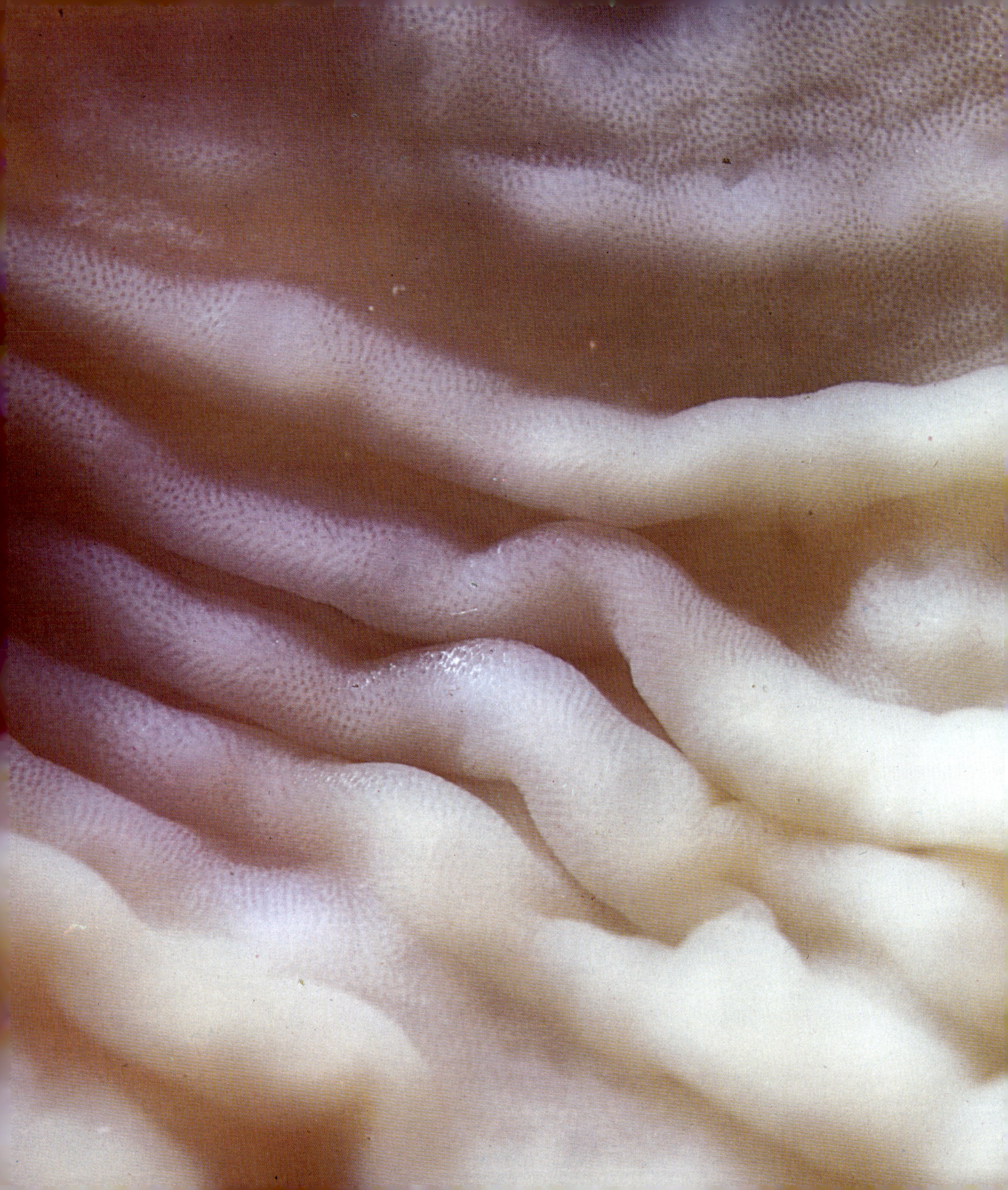

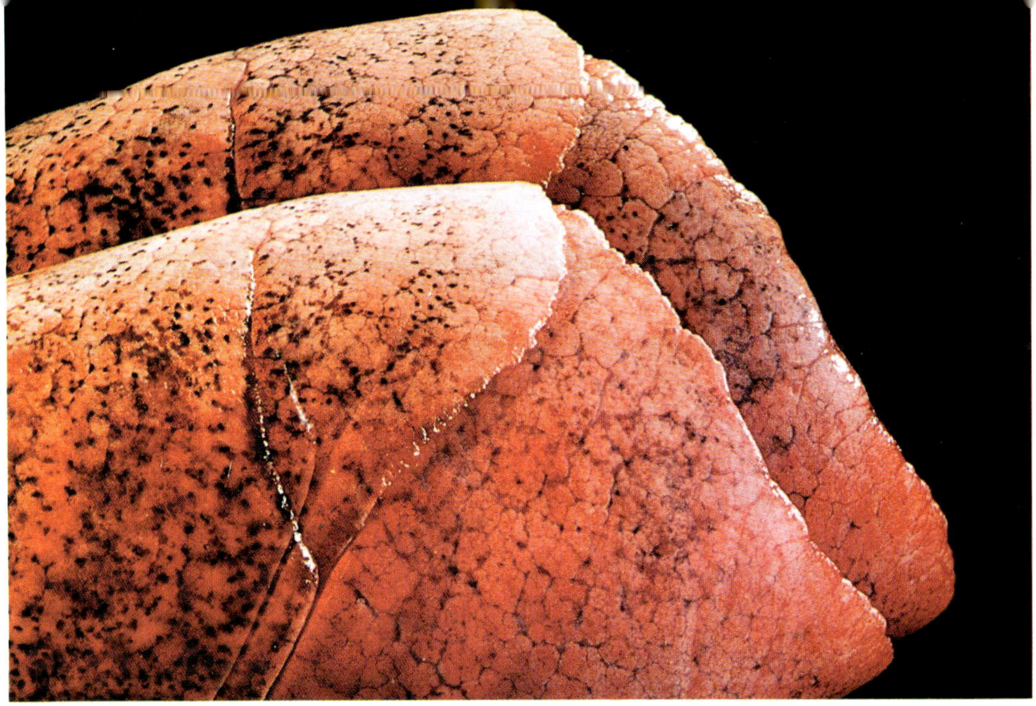

53

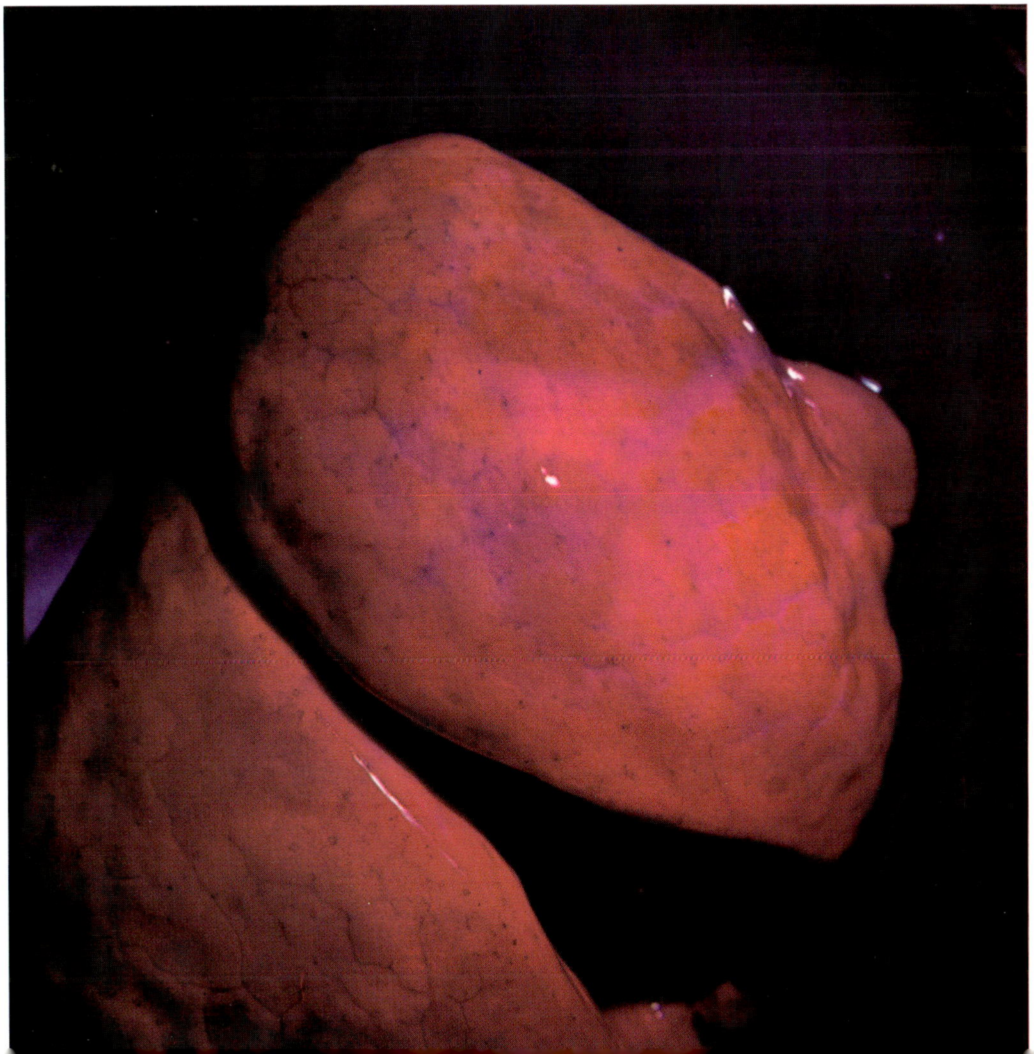

54

55

56

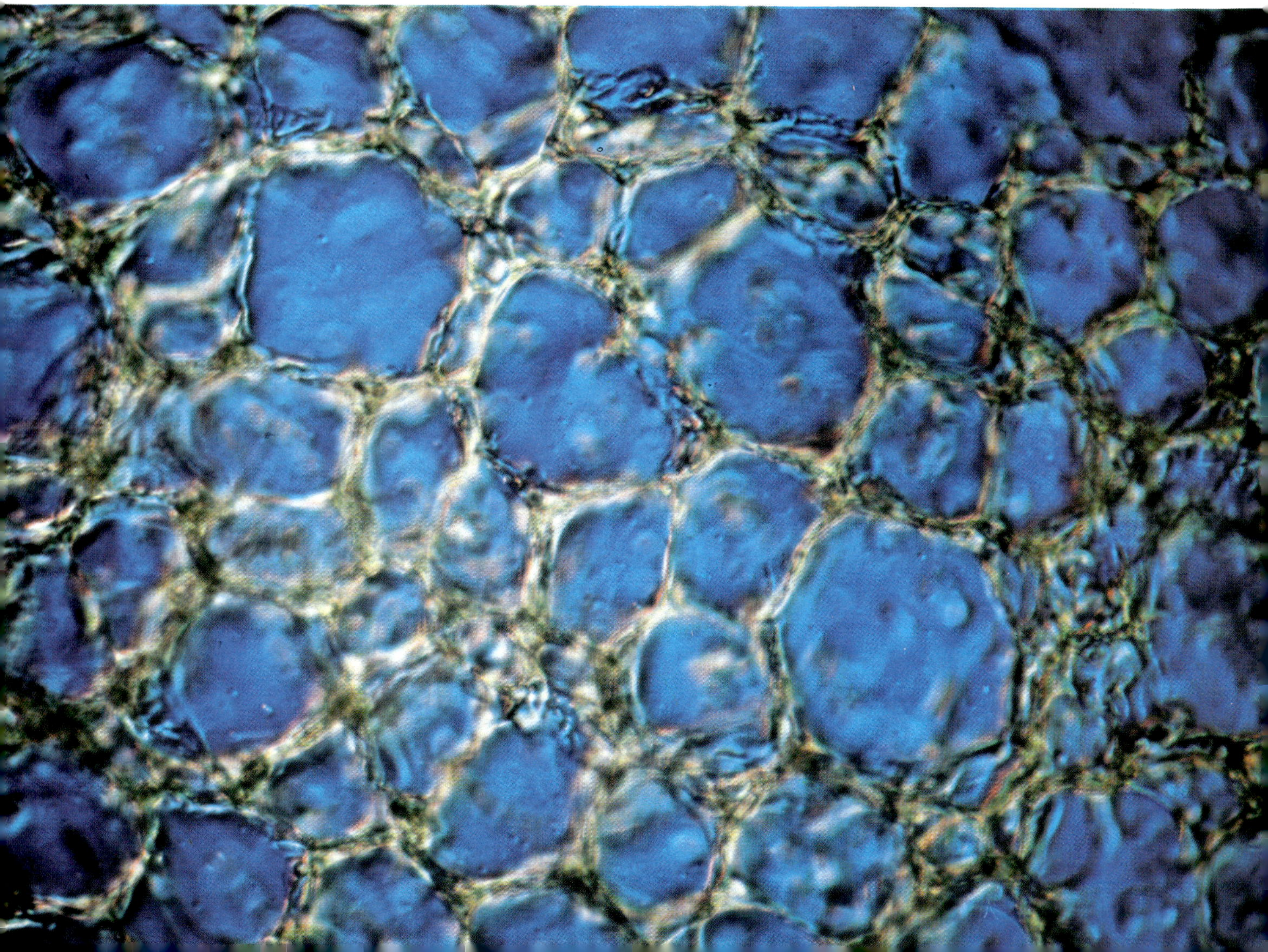

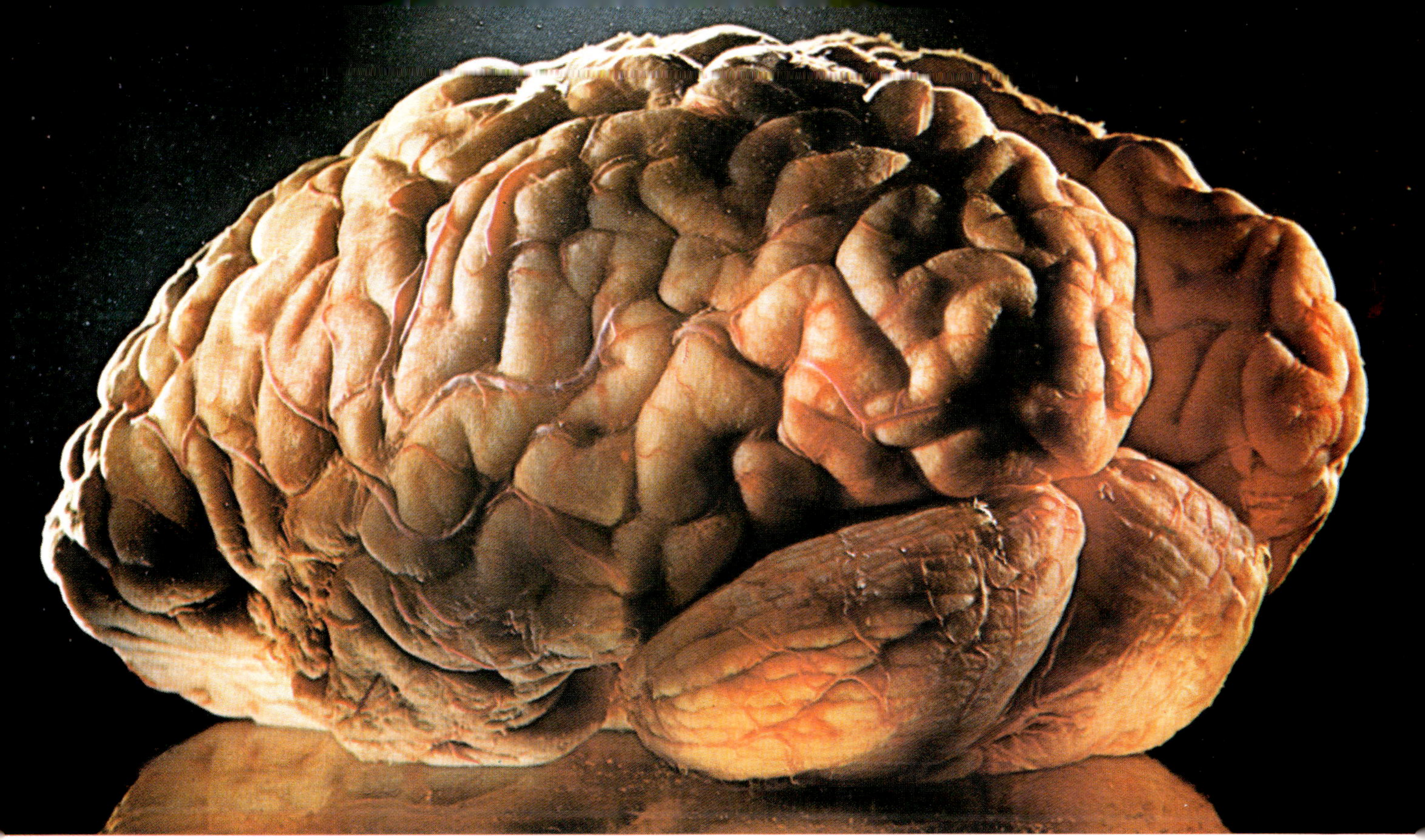

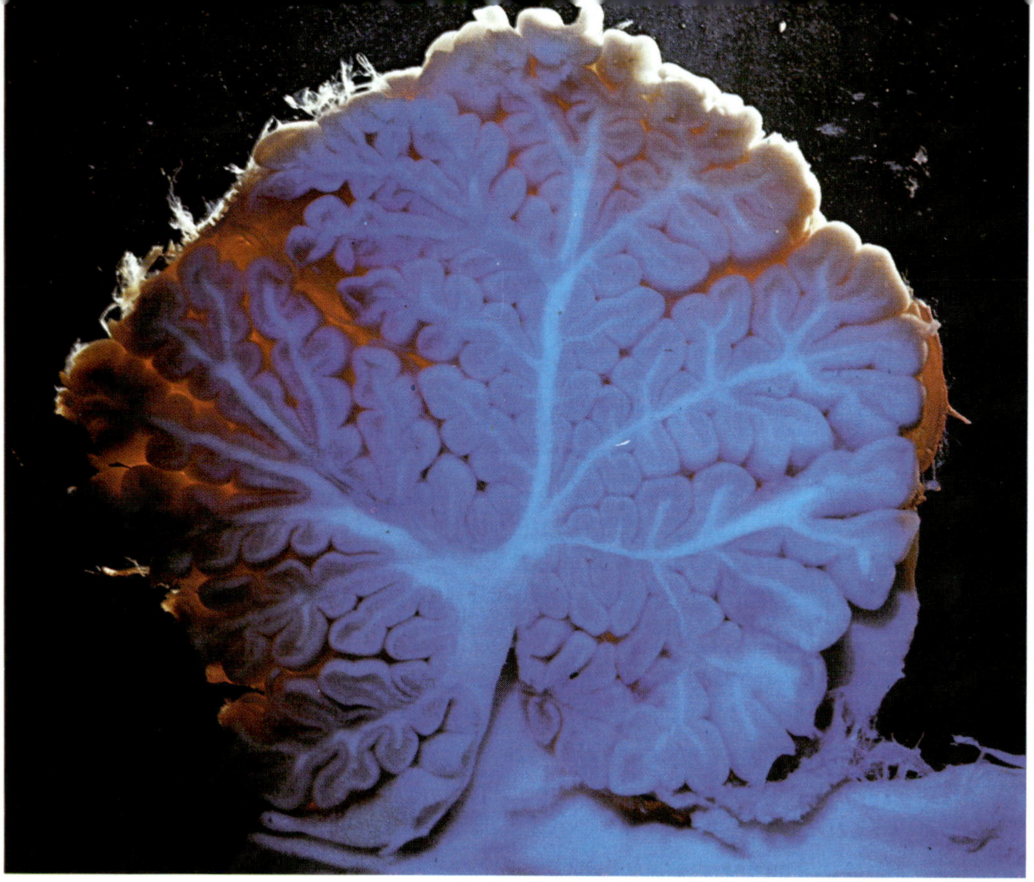

59

60

61

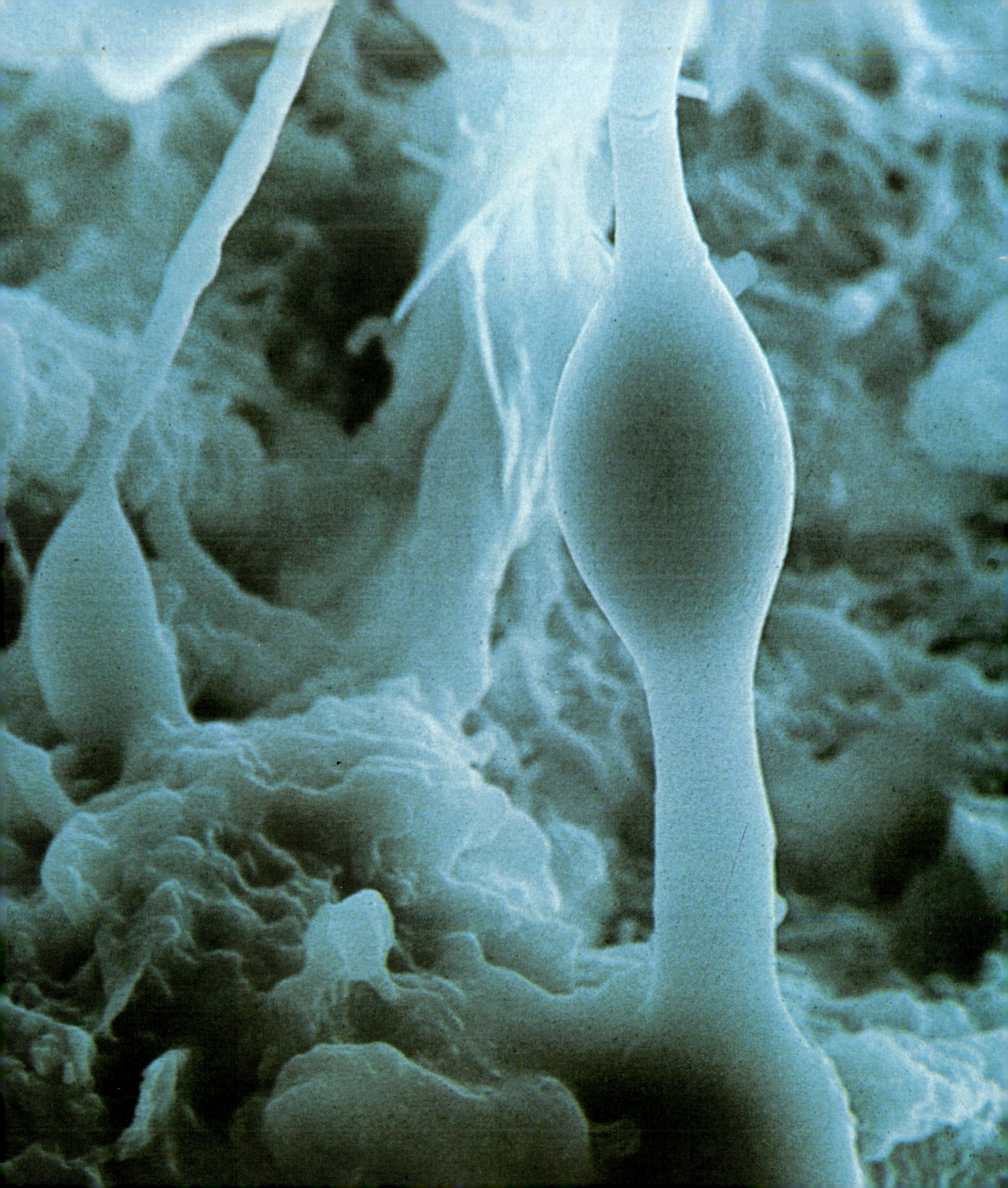

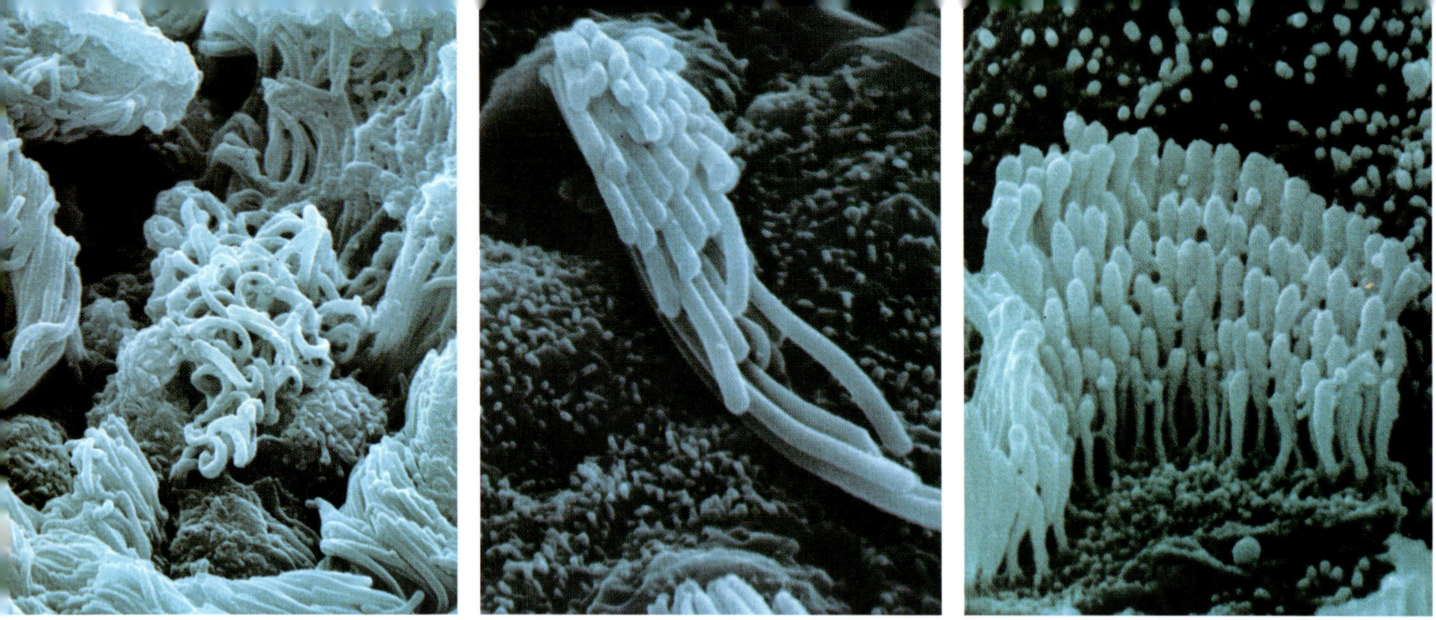

62–6

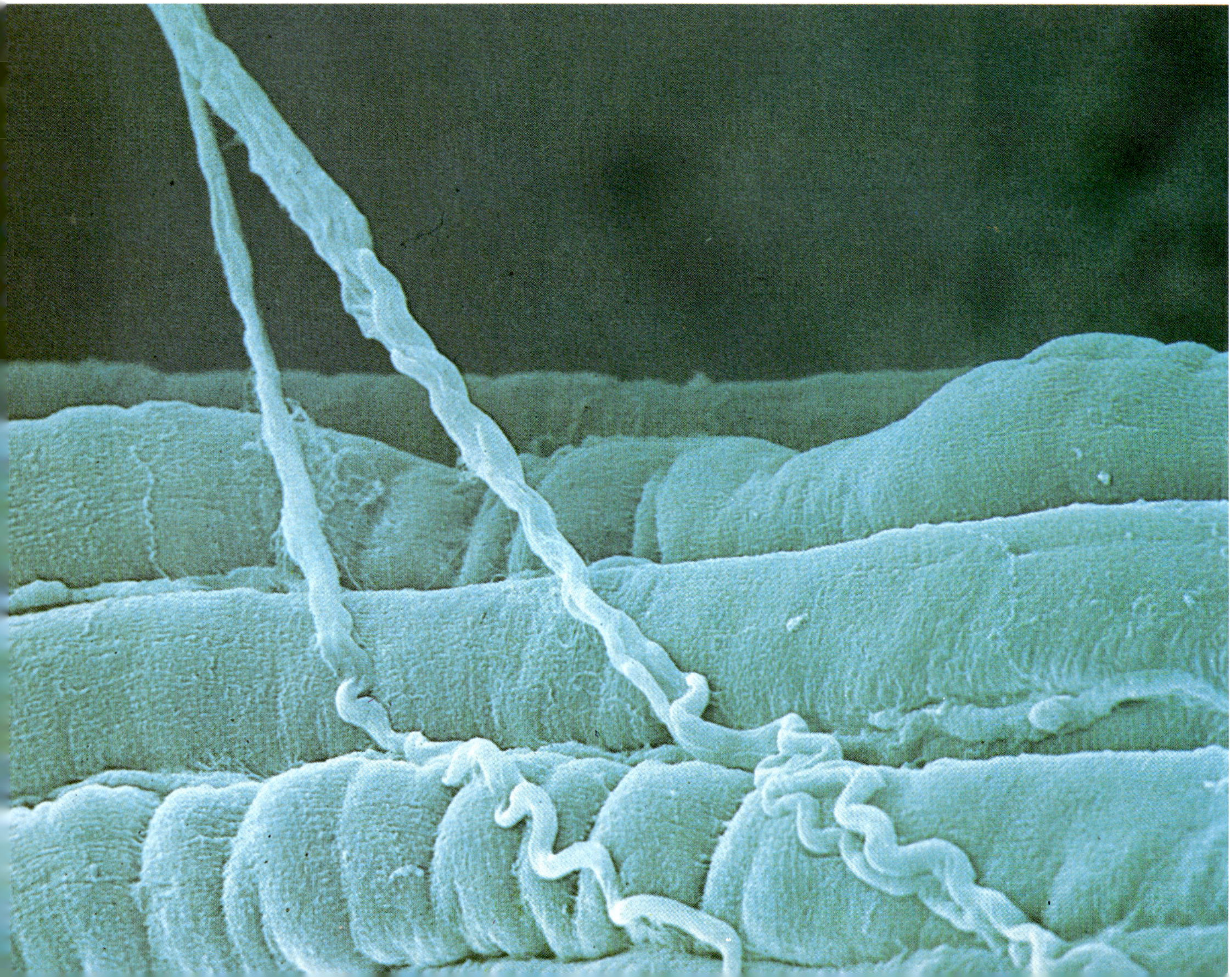

65

## 57 Das menschliche Gehirn

Das Gehirn ist die übergeordnete Komponente des Nervensystems und in seinem anatomischen Aufbau äußerst kompliziert. Aus den fünf Gehirnbläschen des Embryos entwickelten sich fünf äußerlich mehr oder weniger deutlich voneinander abgesetzte Abschnitte: das die unmittelbare Fortsetzung des Rükkenmarks bildende verlängerte Mark (Nachhirn), das über ihm liegende Kleinhirn (*Cerebellum*; Hinterhirn), das Mittelhirn, das Zwischenhirn und schließlich das den größten Teil der Schädelhöhle ausfüllende Großhirn. Dieses ist durch eine tiefeinschneidende Längsspalte in eine linke und rechte Hälfte (Hemisphäre) geteilt. In seinem Innern befinden sich vier miteinander in Verbindung stehende spaltenförmige Hohlräume, die mit Flüssigkeit gefüllten Gehirnkammern (Ventrikel). Am Boden der dritten Gehirnkammer hängt der Hirnanhang (*Hypophyse*), oben sitzt die Zirbeldrüse (*Epiphyse*). Die Hirnmasse setzt sich aus Nervenzellen, -fasern und Nervenstützgeweben zusammen. Von der gesamten Hirnmasse (durchschnittlich 1360 g) entfallen allein auf das Großhirn etwa 1180 g.

Das Bild zeigt das menschliche Gehirn, von der linken Seite gesehen; rechts unten – äußerlich weniger stark gefaltet – das Kleinhirn.

## 58 Die Großhirnwindungen

Beim Menschen und bei den höher entwickelten Tieren ist die Großhirnrinde (*Cortex*) sehr stark gefaltet und in Windungen gelegt. Nur so finden die Milliarden von Nervenzellen der Großhirnrinde genügend Raum. In der Abbildung sind die Hirnhäute von den Hirnwindungen abpräpariert, so daß man unmittelbar auf die nackte Hirnoberfläche blickt. Wie feine Poren erscheinen die zahlreichen kleinen Gefäßöffnungen in der Oberfläche.

Die Großhirnrinde ist der Sitz aller Vorgänge, die zu Willenshandlungen, bewußten Empfindungen und Vorstellungen sowie den daraus abzuleitenden geistigen Leistungen führen. Sie hat über 200 Rindenfelder, an die z.T. ganz bestimmte Funktionen gebunden sind. Die äußerste Schicht des Großhirns ist etwa 4 mm dick; die dichtgelagerten Nervenzellen geben dem Gewebe eine graue Farbe (graue Substanz).

## 59-60 Querschnitt durch das Kleinhirn

Von den Anatomen wird die an eine reichverzweigte Baumkrone erinnernde Faltstruktur des Kleinhirns als Baum des Lebens (*Arbor vitae*) bezeichnet (oberes Bild; das untere Bild zeigt die Kleinhirnfalten bei stärkerer Vergrößerung). Die graugefärbte Rinde besteht aus den zugehörigen Nervenzellen und Fasergeflechten. Die weißen Äste dieses „Baumes“ entsprechen Bündeln markhaltiger Faserbahnen, die die Impulse aus den Nervenzellen des Kleinhirns ableiten.

Im Kleinhirn werden die zahlreichen Einzelmeldungen zusammengefaßt; viele Bewegungen des Körpers werden von hier aus koordiniert und kontrolliert. Es ist das Zentrum für die Erhaltung des Gleichgewichts.

## 61 Die Gliazellen des Gehirns

Neben den Nervenzellen und ihren Fortsätzen enthält das Nervensystem die sog. Gliazellen. Sie geben ihm den Zusammenhalt und machen den weitaus größten Teil der Gehirnmasse aus. Das Bild (vorstehende Seite) zeigt einige Gliazellen unter dem Rasterelektronenmikroskop. Wie die Nervenzellen besitzen sie einen rundlichen Zelleib, von denen zahlreiche verzweigte Fortsätze abgehen. Gliazellen sind weniger spezialisiert und verhältnismäßig unempfindlich gegen Sauerstoffmangel. Sie dienen als Stützsubstanz des Zentralnervensystems, bilden Isolierschichten um die Nervenzellen sowie deren Fortsätze und versorgen sie mit Nährstoffen bzw. übernehmen von ihnen die Stoffwechselschlacken für den Abtransport.

## 62-64 Sinneszellen aus verschiedenen Sinnesorganen

Die meisten Sinneszellen haben eine ähnliche Struktur. Sie setzen jeweils ganz spezifische Reize (z.B. Schallwellen oder die chemischen Wirkungen der Moleküle eines Geruchsstoffes) in elektrische Impulse um und übermitteln sie in Form einer nervösen Erregung zum Gehirn. Die obere Bildreihe zeigt links Haarzellen in der Riechschleimhaut, in der Mitte Haarzellen der Gleichgewichtsorgane und rechts solche der Ohrschnecke. In den verschiedenen Gehirnpartien werden die nervösen Impulse verarbeitet; das Sehen, Hören, Fühlen, Riechen oder Schmecken ist das Ergebnis der Leistungen.

## 65 Motorische Nervenendfäserchen

Die sensiblen Sinneszellen nehmen Reize auf, die motorischen entsenden Erregungen zu dem Erfolgsorgan (z.B. Muskel, Drüse). Im Bild sieht man motorische Nervenendfäserchen, die sich auf der Oberfläche einiger Skelettmuskelfasern verzweigen. Befehle des Zentralnervensystems werden hier in Form elektrischer Impulse an die Muskulatur weitergegeben. An ihren Enden, den motorischen Endplatten, setzt jede Erregungswelle eine geringe Menge von Azetylcholin frei. Dieses wirkt auf die Zellmembran der Muskelzellen ein und löst in ihr chemische Veränderungen aus, die zur Kontraktion der Muskelzellen führen. Ein Enzym im Muskel, die Cholinesterase, inaktiviert unmittelbar darauf das Azetylcholin und beendet den Erregungszustand bis zum Eintreffen eines neuen Impulses.

## 66 Ein Auge im Profil

Die Sinnesorgane haben die wichtige Aufgabe, den Kontakt zwischen der Umwelt und dem menschlichen Bewußtsein herzustellen. Eine besonders große Rolle spielen dabei die optischen Sinneseindrücke. In der Netzhaut (*Retina*) des Auges werden die ankommenden Lichtreize in Nervenimpulse umgeformt, daraufhin an das Sehzentrum des Gehirns weitergeleitet und hier zu bewußten optischen Wahrnehmungen verarbeitet.

Das menschliche Auge (*Oculus*) besteht aus dem eigentlichen optischen Apparat, dem durch Muskeln beweglichen Augapfel – er hat einen Durchmesser von ungefähr 25 mm – sowie verschiedenen Schutzorganen und Hilfseinrichtungen (Augenlider, Augenbindehaut, Augenwimpern, Tränendrüsen). Der Augapfel liegt eingebettet im Fettgewebe der knöchernen Augenhöhle und wird von drei Häuten umhüllt; außen von der undurchsichtigen weißen Lederhaut (*Sclera*) – dem „Weißen" im Auge –, die nach vorn in die dünne, durchsichtige Hornhaut (*Cornea*) übergeht. Zur mittleren Augenwandschicht gehören die Aderhaut (*Choroidea*), der Ziliarkörper und die Regenbogenhaut (*Iris*). Die Aderhaut ist reich an Gefäßen; sie spielt deshalb eine wesentliche Rolle bei der Ernährung des Auges. Eine Verdickung an der Vorderseite der Aderhaut bildet der Ziliarkörper; an ihm ist mittels feiner Fäden die Linse aufgehängt, und seine Muskulatur ermöglicht durch ihre Kontraktion die Akkommodation (das Nah- und Fernsehen). Nach vorn geht er über in die Regenbogenhaut, die die Pupille umschließt. Diese kann sich verengen bzw. erweitern und so die in das Auge einfallende Lichtmenge regulieren; bei intensivem Lichteinfall verkleinert sie sich, im Dunkeln wird sie größer. Während die Farbe der Regenbogenhaut erbbedingt und bei jedem Menschen verschieden ist, sieht die Pupille infolge der Lichtabsorption immer schwarz aus. Der Raum zwischen der Vorderfläche der Regenbogenhaut und der Hornhaut wird als vordere Augenkammer, derjenige zwischen der Irishinterfläche und der Linse als hintere Augenkammer bezeichnet; beide sind mit sog. Kammerwasser angefüllt. Die innerste Wandschicht des Augapfels schließlich ist die Netzhaut. Ein durchsichtiger, gallertiger Glaskörper (*Corpus vitreum*) füllt das Innere des Augapfels aus. Auf der nebenstehenden Abbildung erkennt man hinter der gewölbten Hornhaut den Irisrand und die Linse. Diese (in Wirklichkeit leicht gelblich) und die Hornhaut erscheinen blau, da der blaue Anteil des von vorn eingestrahlten Scheinwerferlichts am stärksten zur Seite gestreut wird; der kristallartige Fleck in der Linse ist ein Lichtreflex.

### 67 Sehzapfen und -stäbchen der Netzhaut

Das in das Auge einfallende Licht wird durch die lichtbrechenden Schichten (Hornhaut, Kammerwasser, Linse und Glaskörper) gesammelt und auf die Netzhaut (*Retina*) geleitet. Als Sinneszellenschicht ist sie der wichtigste Teil des Auges. Bevor die Lichtstrahlen zu den Stäbchen und Zapfen gelangen, müssen sie die inneren Schichten der Netzhaut, ein dichtes Gestrüpp von Nervenfasern, Gefäßen und Stützzellen durchdringen.

Die Abbildung zeigt einen Querschnitt durch die Schicht der Sinneszellen bei etwa 6000facher Vergrößerung unter dem Rasterelektronenmikroskop. Im linken Bildrand erkennt man die dicht beieinanderliegenden Enden der Stäbchen und Zapfen. Zwei dicke Zapfen sind umdrängt von zahlreichen Stäbchen. Rechts die rundlichen Zellkörper der Stäbchen- und Zapfenzellen, deren Endglieder (links) die einfallende Lichtenergie in elektrische Erregungsstöße umwandeln. Hierfür verwendet das Auge Sehpigmente, deren Farbstoffmoleküle durch die Lichtabsorption chemisch umkehrbar werden. Die Stäbchen besitzen nur das Sehpigment *Rhodopsin*, die Zapfen neben anderen auch das *Jodopsin*. Die Ableitung der Nervenimpulse erfolgt dann über die Nervenfasern der Netzhaut, die als Sehnerv (*Nervus opticus*) gebündelt, den Augapfel verlassen.

Die etwa 0,04 mm dicke Netzhaut, die innerste Wandschicht des Augapfels, hat ca. 4-6 Mill. Zapfen und rund 100 Mill. Stäbchen. Letztere sind vor allem für Helligkeitsunterschiede im Schwarz-Weiß-Bereich empfindlich und werden beim Dämmerungs- und Nachtsehen wirksam. Die weniger lichtempfindlichen Zapfen treten dagegen beim Tagsehen in Aktion; sie sind auch für das Farbensehen verantwortlich.

### 68 Der Hintergrund eines Auges

Die Abbildung zeigt die Netzhaut (*Retina*) im Augenhintergrund (*Fundus oculi*) mit ihren Blutgefäßen und dem blinden Fleck. Hier durchbricht zusammen mit den Blutgefäßen der *Nervus opticus* die Wand des Augapfels; es fehlen die Pigmentschicht sowie die Sehzellen. Diese Stelle ist also lichtunempfindlich, doch wird wegen des zweiäugigen Sehens der blinde Fleck im allgemeinen nicht wahrgenommen. Wenige Millimeter von ihm entfernt liegt der gelbe Fleck (*Maculata lutea*). In diesem Bereich fehlen die Stäbchen, dafür treten die Zapfen in besonders großer Anzahl und Dichte auf, so daß es die Stelle der schärfsten Wahrnehmung von Einzelheiten und Farbe ist.

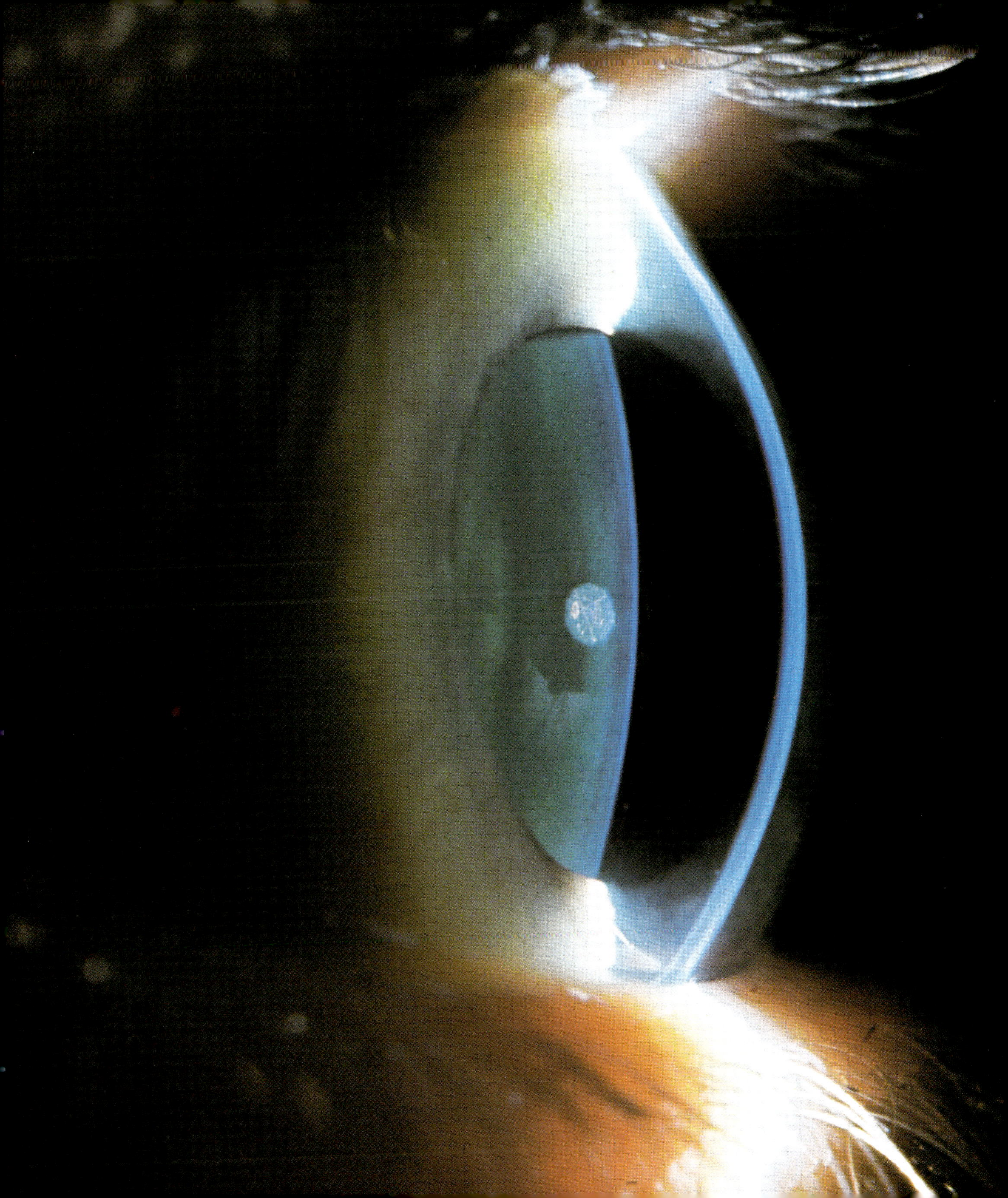

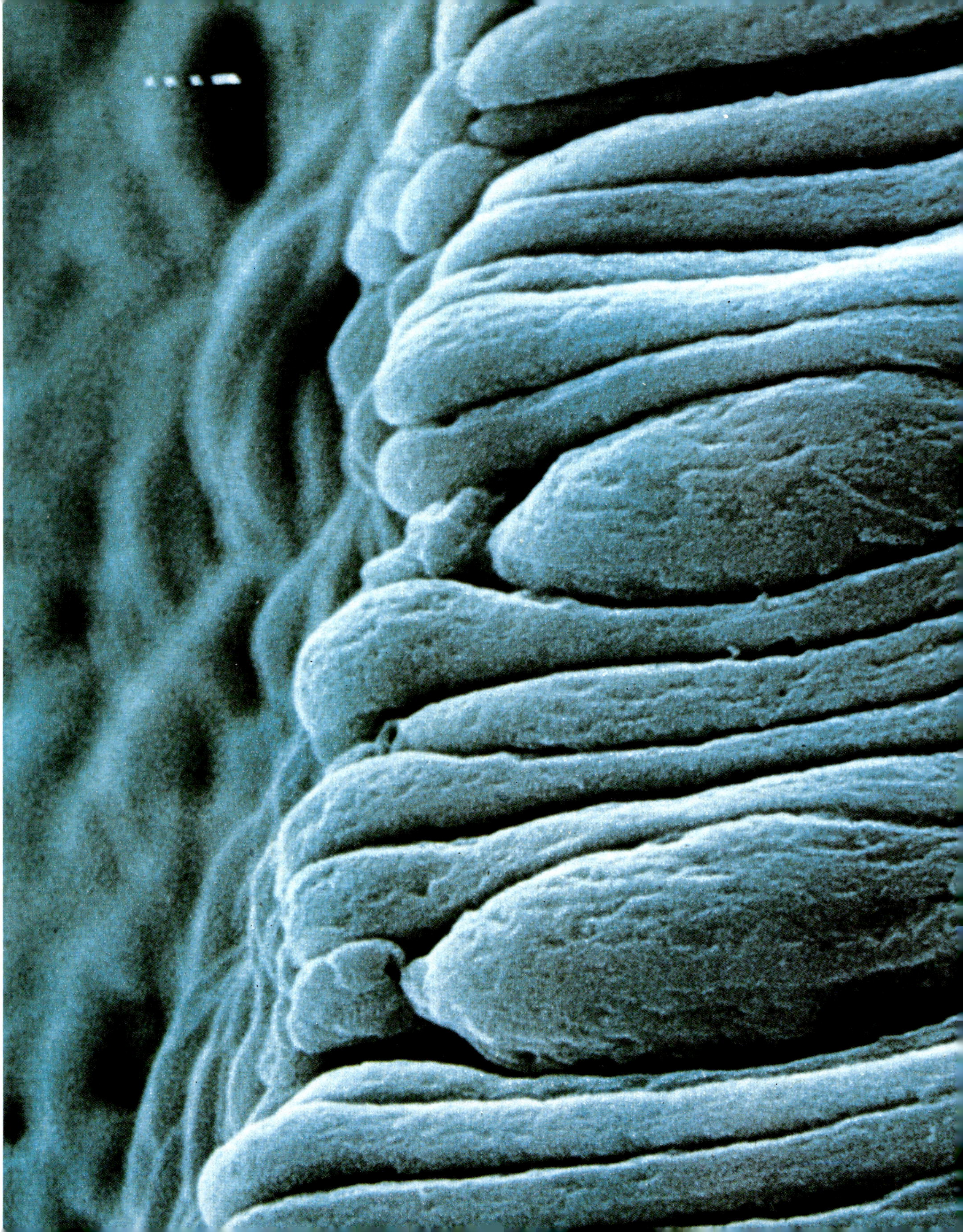

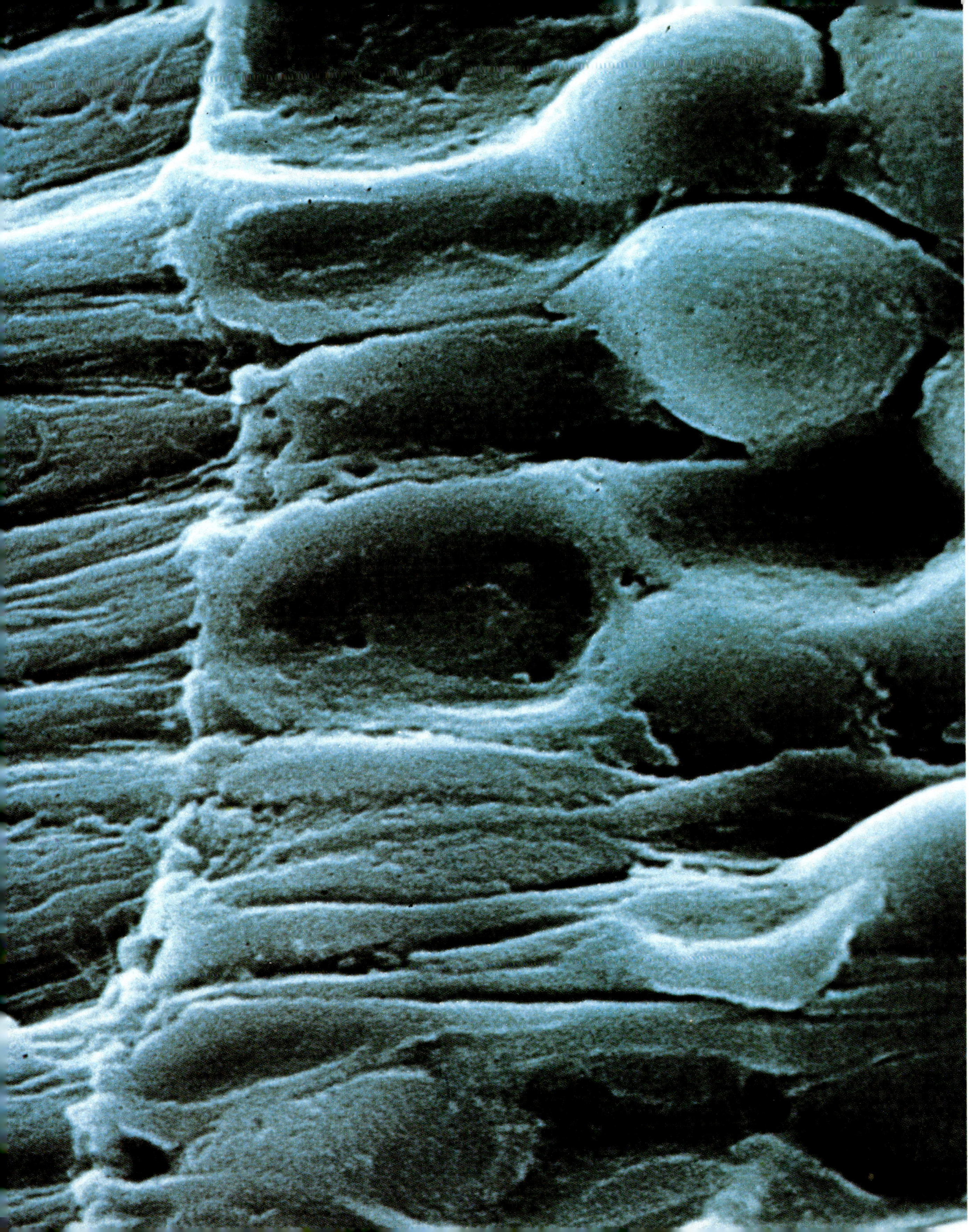

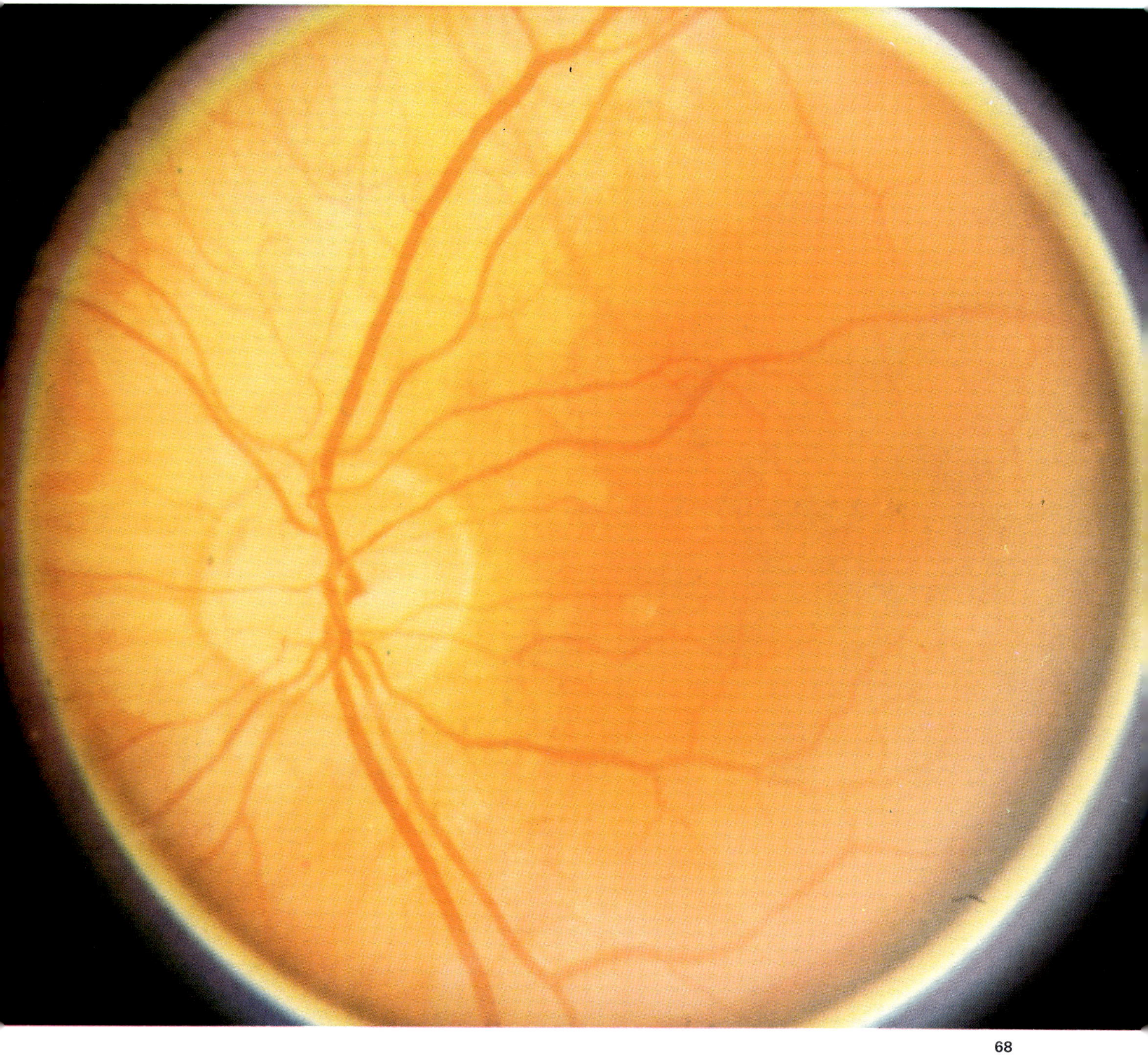

69

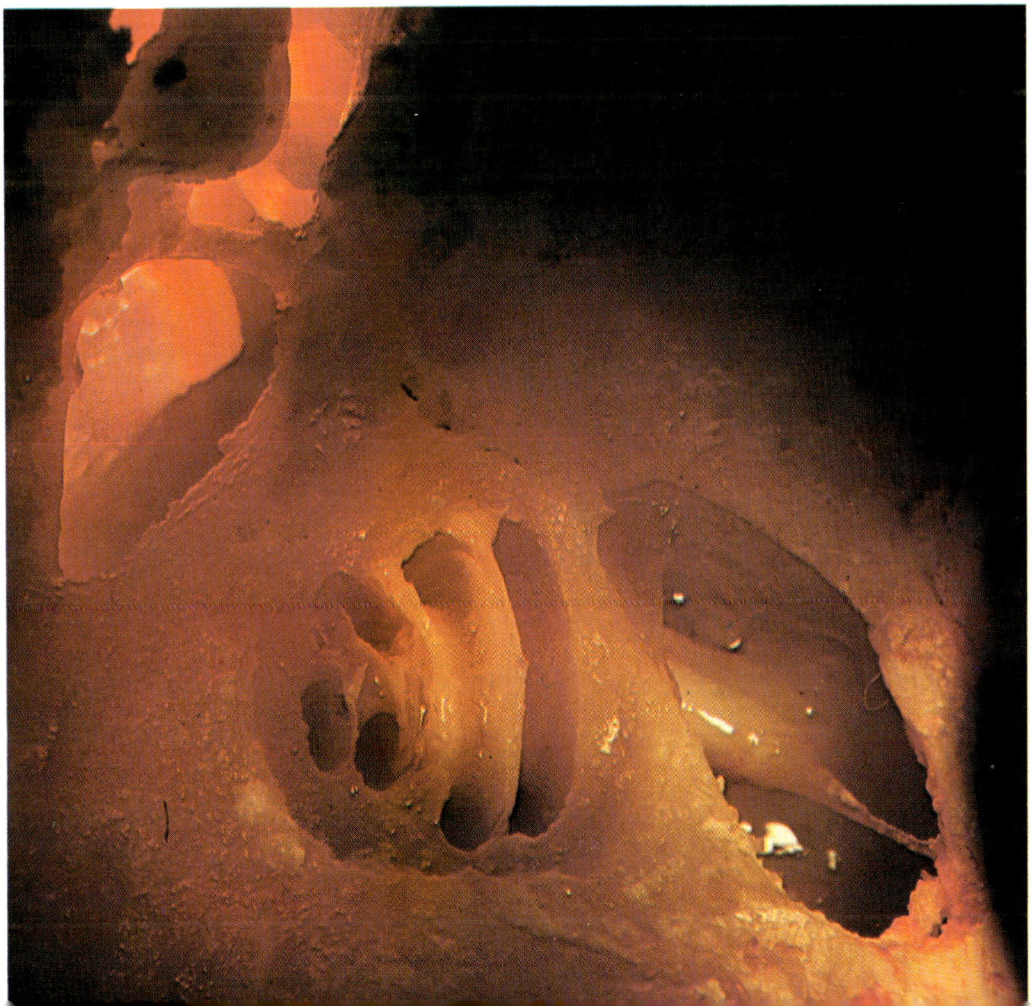

70

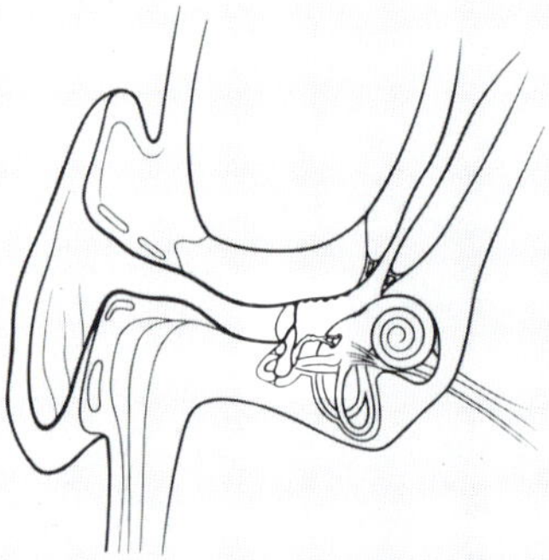

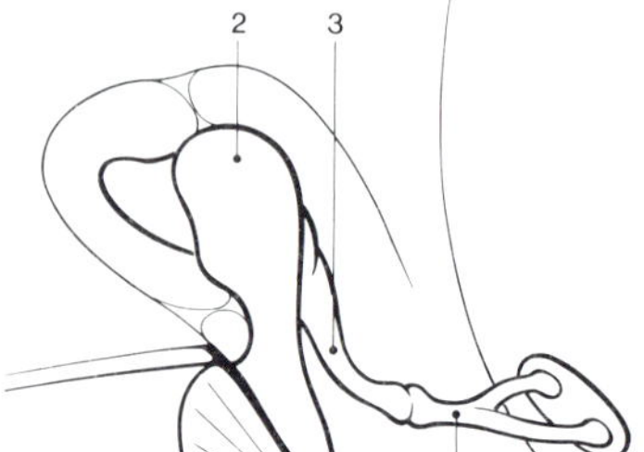
2
3
1
4

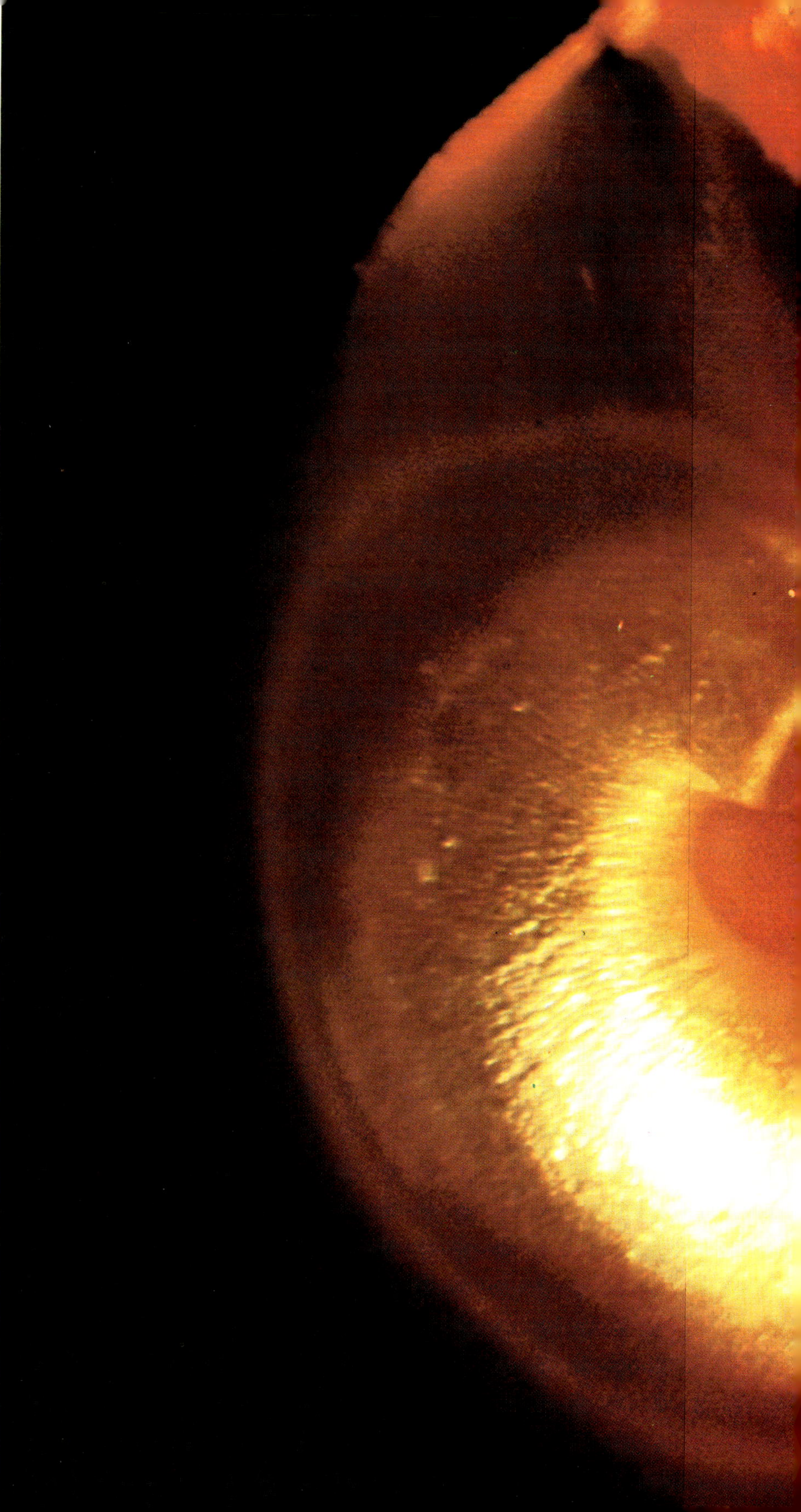

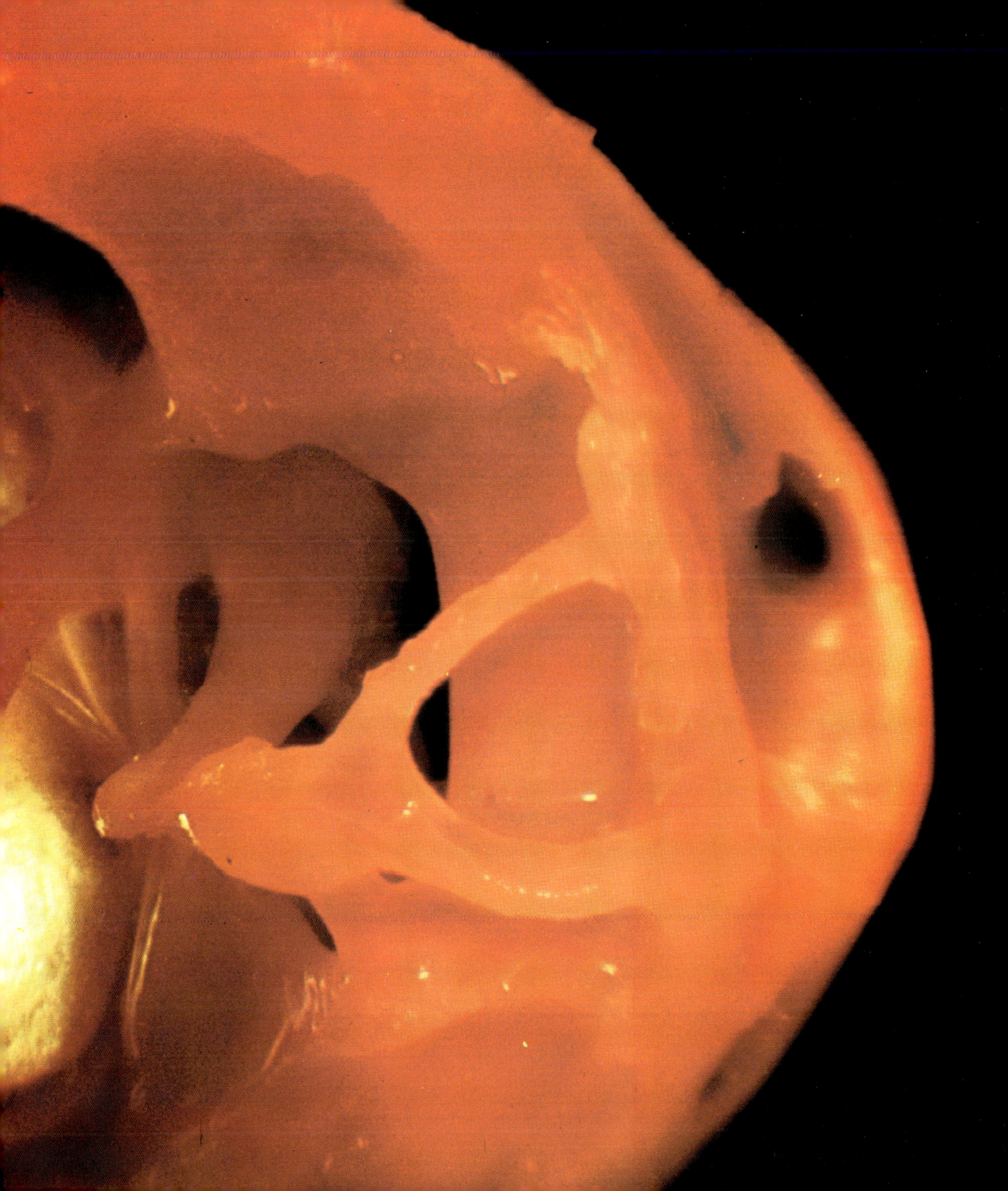

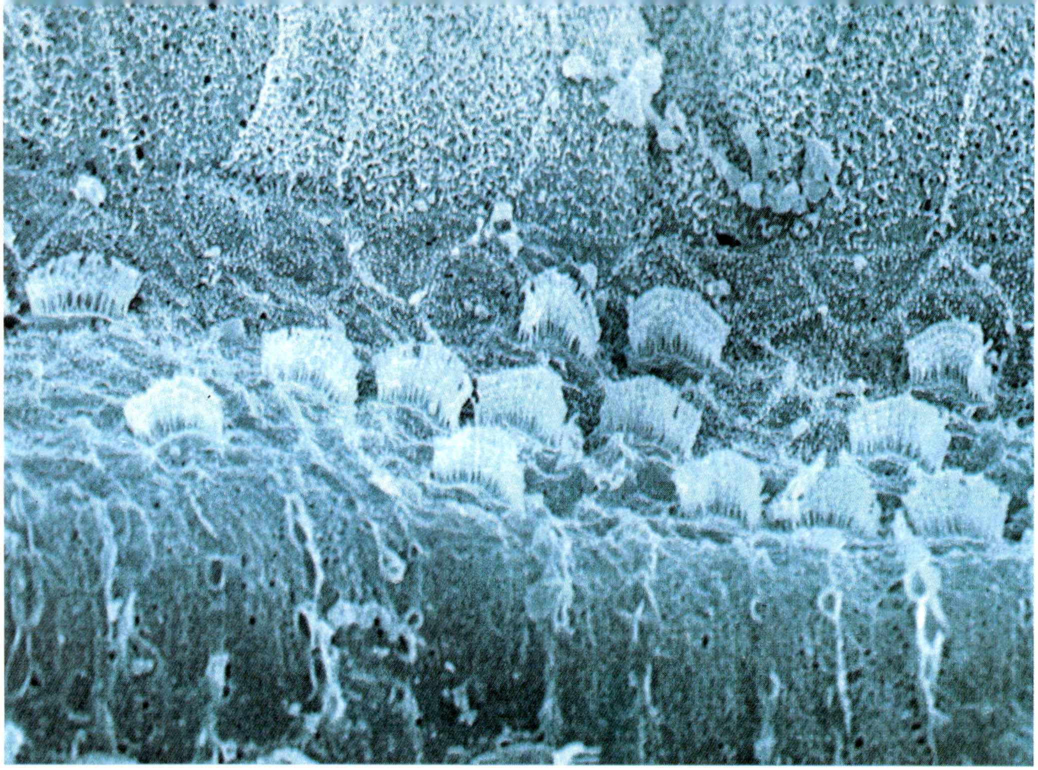
72

73
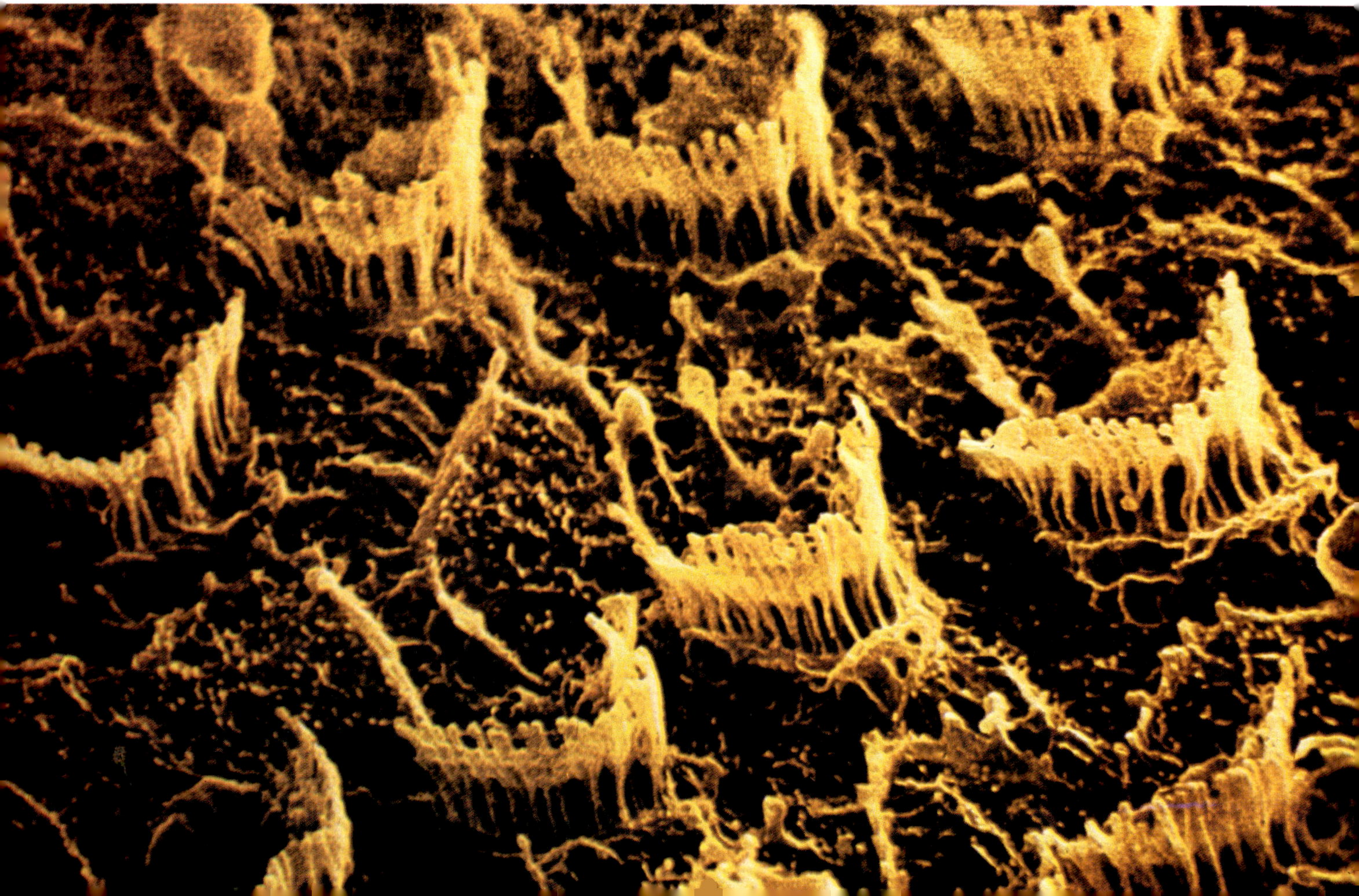

## 69 Ohrschmalz im äußeren Gehörgang

Neben dem Auge ist das Ohr für den Menschen das wichtigste Sinnesorgan, vermitteln beide doch den intensivsten Umwelteindruck. Beim Ohr werden drei Teile unterschieden: das äußere Ohr besteht aus der Ohrmuschel, dem Gehörgang und dem Trommelfell, das Mittelohr wird von der Paukenhöhle gebildet, und zum inneren Ohr gehören das Labyrinth mit dem Vorhof, der Schnecke und den Bogengängen. Im letzten Abschnitt befindet sich das eigentliche Gehörorgan mit einem weiteren Sinnesorgan, dem Gleichgewichtsorgan.

Die Ohrmuschel (*Auricula*) fängt die Schallwellen auf und leitet sie über einen leicht gebogenen, etwa $2^1/_2$ cm langen Gehörgang an das Trommelfell (*Membrana tympani*) weiter. Der Gehörgang ist mit feinen Härchen besetzt, die nach außen gerichtet sind und wie ein Filter wirken; er ist mit einer Schleimhaut ausgekleidet, die rund 1000 Drüsen enthält. Diese sondern das gelbbraune, an der Luft erhärtende Ohrschmalz (*Cerumen*) ab. Dadurch bleibt die Schleimhaut geschmeidig, und es hält – wie die Härchen – eingedrungene Schmutzteilchen fest und befördert sie, wenn es aus dem Gehörgang hervortritt, nach außen. An seinem inneren Ende ist der Gehörgang durch eine zarte (0,1 mm), durchsichtige Haut, das Trommelfell, verschlossen. Ankommende Schallwellen versetzen es in Schwingungen. Damit diese ungehindert zum Trommelfell gelangen können, muß der Gehörgang immer freigehalten werden.

Im Bild erkennt man an der Haut und den Haaren einen flockigen Überzug aus Talg und Zellresten, das Ohrschmalz. Bei einer zu starken Talgausscheidung können ganze Talgpfröpfe entstehen, die allmählich verhärten und unter Umständen den Gehörgang verstopfen.

## 70 Die Schnecke, das eigentliche Hörorgan

Die Schwingungen vom Trommelfell erreichen schließlich über das sog. Fenster das Innenohr. In der Schnecke (*Cochlea*) werden die Schallwellen in elektrische Nervenimpulse umgewandelt, die über den *Nervus statoacusticus* dem Gehirn zugeleitet und dort in bewußte Empfindungen umgesetzt werden.

In der im Bild aufpräparierten Schnecke liegt das eigentliche Gehörorgan. Der helle Spaltraum links oben ist das Mittelohr, die Paukenhöhle; rechts unten der knöcherne Kanal der Hörnerven. Die Schnecke besteht aus einem spindelförmigen, etwa 3,7 cm langen Gang im Felsenbein (härtester des Schläfenbeins), dem knöchernen Labyrinth. Der Innenraum wird durch zwei dünne Membranen in drei Räume aufgegliedert. Zwei von ihnen (die Vorhof- und die Paukentreppe) umgeben den dritten, den häutigen Schneckengang, in dem sich das Transformationsorgan für den Schall, das *Cortische Organ*, mit seinen Sinneszellen (Hörzellen) befindet. Alle drei sind von Flüssigkeit umgeben.

## 71 Das Mittelohr

Zwischen dem Trommelfell und dem Innenohr liegt die Paukenhöhle (*Cavum tympani*), das Mittelohr. In ihm befinden sich drei, nur millimetergroße Gehörknöchelchen, die hebelartig ineinandergreifen und somit die Schwingungen vom Trommelfell über das sog. ovale Fenster zum Innenohr weitergeben: Hammer *(Malleus;* mit dem Trommelfell verbunden), Amboß (*Incus*) und Steigbügel (*Stapes*). Mit der Außenwelt steht die Paukenhöhle durch einen etwa 3 cm langen, engen, in die Rachenhöhle einmündenden Gang (Ohrtrompete oder Eustachische Röhre; *Tuba auditiva*) in Verbindung. Er öffnet sich beim Schlucken. Infolgedessen herrscht normalerweise beiderseits des Trommelfells der gleiche Luftdruck, so daß dieses ungehindert schwingen kann.

Die Aufnahme auf der Doppelseite zeigt das Mittelohr unter einem ungewöhnlichen Blickwinkel. Das Bild vom Innern der Paukenhöhle wurde mit Hilfe einer neuentwickelten Faseroptik und einer Weitwinkellinse von kaum mehr als 1 mm Durchmesser gemacht. Links im Hintergrund das Trommelfell, hell aufleuchtend im Reflexbild; davor nach rechts Hammer, Amboß und Steigbügel. Die Basisplatte des Steigbügels verdeckt das ovale Fenster. In Wirklichkeit beträgt der Abstand zwischen dem Trommelfell und dem ovalen Fenster nur wenige Millimeter.

## 72 Eine Gruppe von Hörsinneszellen im Cortischen Organ

Im häutigen Teil der Schnecke befindet sich das *Cortische Organ*. Die Aufnahme entstand unter dem Rasterelektronenmikroskop. Man erkennt die gefächerten Sinneshaare auf den Hörzellen (im *Cortischen Organ* sind etwa 16000 Hörzellen untergebracht). Sie werden durch Schwingungen der Schneckenflüssigkeit erregt und übersetzen so Schallreize in elektrische Impulse, die zu den Hörzentren im Gehirn geleitet werden können.

## 73 Ein Feld von Hörsinneszellen

Bei dieser etwa 3500fachen Vergrößerung wirkt die Basilarmembran, der das *Cortische Organ* aufsitzt, wie eine Landschaft mit Schutzzäunen. Die „Zaunpfähle" entsprechen den Sinneshaargruppen auf der Kuppe je einer Hörzelle, die jeweils in V-Form angeordnet sind. Die Haare stehen in der Längsachse des Schneckengangs (hier von links unten nach rechts verlaufend).

## 74 Die Bogengänge

Neben dem Gehörorgan beherbergt das Innenohr noch ein weiteres Sinnesorgan, das Gleichgewichtsorgan. Es steht mit dem Schneckengang in Verbindung und ist wie dieser mit Flüssigkeit (Endolymphe) angefüllt. Dieses Gleichgewichtsorgan (Vestibularapparat) sind die drei mit ihren Ebenen senkrecht zueinanderstehenden, etwa 0,5 mm weiten Bogengänge mit ihrem Vorhof im inneren Ohr, das Labyrinth im engeren Sinne. Die drei halbkreisförmigen knöchernen Bogengänge (*Canales semiculares*) umschließen die drei häutigen Bogengänge (*Ductus semiculares*). Je eine der beiden Mündungen eines Bogenganges hat eine ampullenartige Erweiterung (*Ampulla*), in der sich jeweils eine vorspringende Leiste mit Sinneszellen befindet. Die Härchen dieser Sinneszellen ragen in eine gallertige Kuppe, die *Cupula*, welche den Raum zwischen Epithel und Ampullenwand einnimmt. Drehungen des Kopfes setzen die Endolymphe in Bewegung, und zwar der Bewegungsrichtung der Bogengangwand entgegengesetzt. Diese Strömung in der entgegengesetzten Richtung erfolgt jedoch nur anfangs bei beschleunigten Kopfbewegungen; später erhält die Endolymphe einen Antrieb in der Bewegungsrichtung. Die Endolymphe stößt gegen die *Cupula*, wodurch die Sinneshaare der *Cupula* in einem oder mehreren der Bogengänge gebogen und die Sinneszellen gereizt werden. Diese Reize lösen im Gehirn den Körperbewegungen entsprechende Empfindungen aus. Die *Cupula* reagiert auf Drehbeschleunigung oder -verzögerung (Drehsinn), nicht aber auf eine geradlinige Beschleunigung.

## 75 Kalkkristalle auf den Gleichgewichtsorganen

Die häutigen Bogengänge stehen in direkter Verbindung mit dem Vorhofsäckchen *(Utriculus)* und dem rundlichen Säckchen (*Sacculus*); jedes hat ein Statolithenpaar (*Macula utriculi* bzw. *Macula sacculi*). Beide Organe werden durch eine geradlinige Beschleunigung erregt; in ihrer Innenfläche sind feinste Kristalle von Calciumcarbonat eingelagert, die bei Bewegungsänderungen (Vorwärts-, Rückwärts-, Seitwärtsbewegungen; Steigen und Fallen) entsprechende Druck-, Zug- und Scherwirkungen ausüben. Die dadurch angeregten Sinneszellen im Statolithenapparat leiten den empfangenen Reiz in Richtung des Gehirns weiter, wo die Empfindung einer Gleichgewichtsänderung erzeugt wird. Die Abbildung zeigt die Kalkkristalle, die in Wirklichkeit nicht länger als $^{1}/_{100}$ mm sind.

Andere Organe des Körpers ergänzen die von diesen Gleichgewichtsorganen vermittelten Empfindungen; hierzu gehören z. B. der Tastsinn und das Sehorgan.

## 76 Die Vater-Pacinischen Körperchen

Eine Vielzahl von Reizen wird durch kleinere Sinnesorgane von im allgemeinen mikroskopischer Größenordnung aufgenommen. Sie befinden sich in den verschiedenen Teilen des Körpers; ihre Struktur und ihr Erscheinungsbild sind sehr unterschiedlich. Tast-, Schmerz- und Temperaturempfindungen werden von ihnen registriert und gehen in den Strom von Sinneswahrnehmungen ein, die dem Gehirn fortwährend aus dem gesamten Körper zufließen. Allerdings erreicht nur ein Teil dieser Sinnesimpulse die Bewußtseinsschwelle. Dennoch ist der ständige Informationsfluß aus der Haut, den Muskeln und inneren Organen eine Vorbedingung für normale Gehirnfunktionen.

Die Vater-Pacinischen Lamellenkörperchen zählen zu den größten Sinnesrezeptoren im menschlichen Körper (Länge bis zu 4 mm, Breite 2 mm), so daß man sie unter Umständen mit bloßem Auge erkennen kann. Sie reagieren auf diffuse Druck- und Spannungsreize. Man spricht hier von einem Tiefentastsinn, der kein schärferes lokales Auflösungsvermögen von Tastreizen erlaubt. Die Vater-Pacinischen Körperchen sind von knorpeliger Konsistenz und bestehen aus vielen, zwiebelschalenartig um einen Innenkolben herumgelegten Lamellen; in ihnen befindet sich Flüssigkeit. Der Innenkolben enthält die Endaufzweigungen von Nerven sowie ein feines Blutgefäß. Sie liegen im Unterhautbindegewebe (über 600 in der Handfläche), im Gekröse der Eingeweide, in manchen Bauchdrüsen, in der Knochenhaut und an anderen Körperstellen.

Im Bild erscheinen die Kerne in den einzelnen Lamellen als Punkte. Das Lamellenkörperchen stammt aus der Bauchspeicheldrüse; links erkennt man dunkel das Drüsengewebe.

## 77 Ein Meißnersches Tastkörperchen

In der Lederhaut (*Corium*) unmittelbar unter der Epithelschicht (*Epidermis*) liegen die ovalen, bis 0,1 mm langen Meißnerschen Tastkörperchen. In einer bindegewebigen, lamellenartigen Kapsel sind platte Bindegewebszellen gestapelt, zwischen denen sich die Nervenendigungen netzartig ausbreiten. Sie dienen dem Fein- und Oberflächentastsinn. Beim leichten Zusammendrücken entsteht ein Erregungsimpuls; nimmt der Druck auf die Zellen zu, steigt die Impulsfrequenz an. So ist diese eines der Ausdrucksmittel, die das Nervensystem benutzt, um die Intensität eines Reizes zu messen. Die gesamte Körperoberfläche verfügt etwa über $^1/_2$ Mill. Meißnerscher Tastkörperchen. Am dichtesten lagern sie in den Fingerspitzen (bis zu 200 je $cm^2$), der Handfläche und der Fußsohle. Der Abstand zweier Hautpunkte, deren Berührung noch getrennt wahrgenommen wird, beträgt an der Fingerspitze etwa 2 mm, am Rücken 60-70 mm.

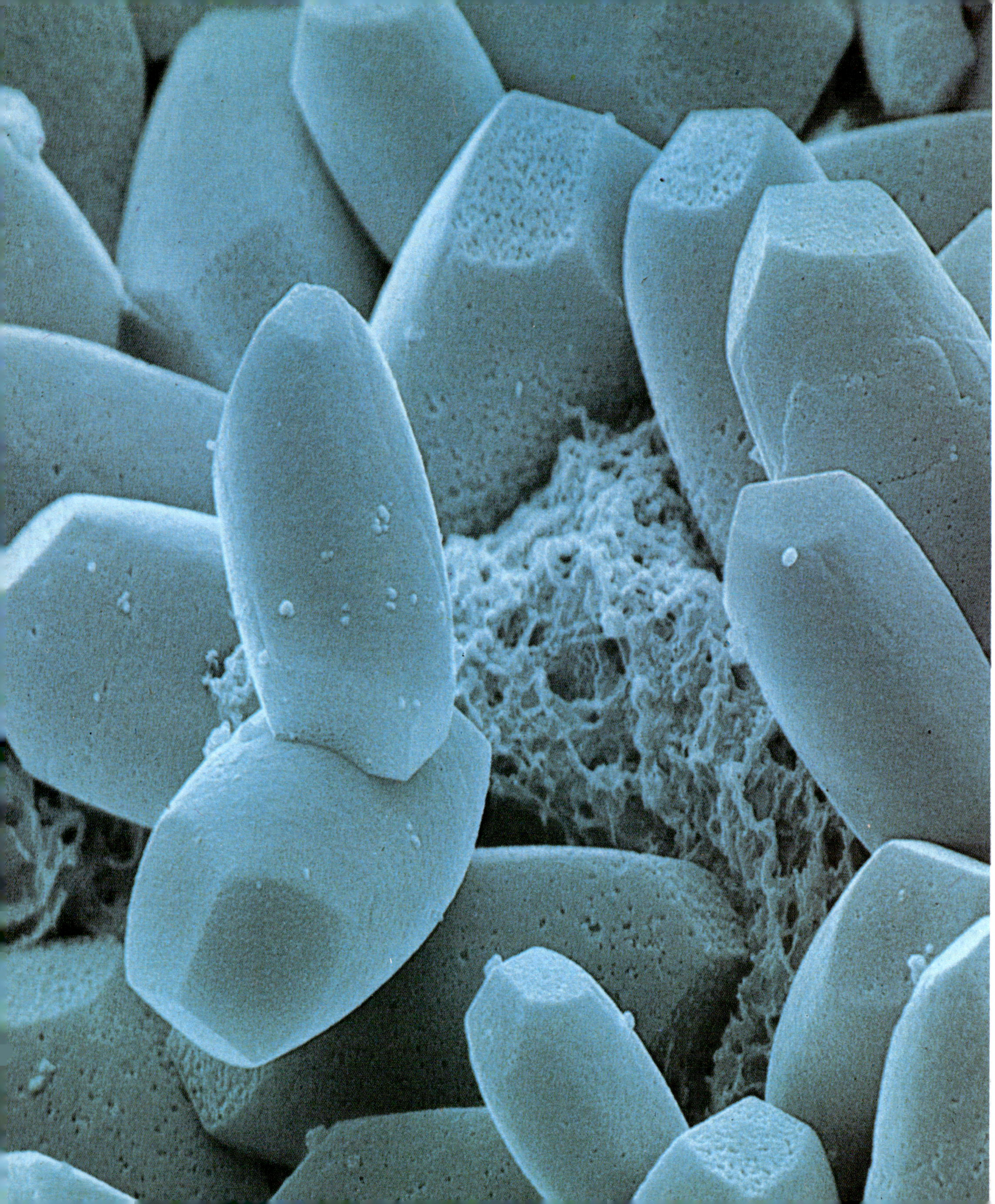

75

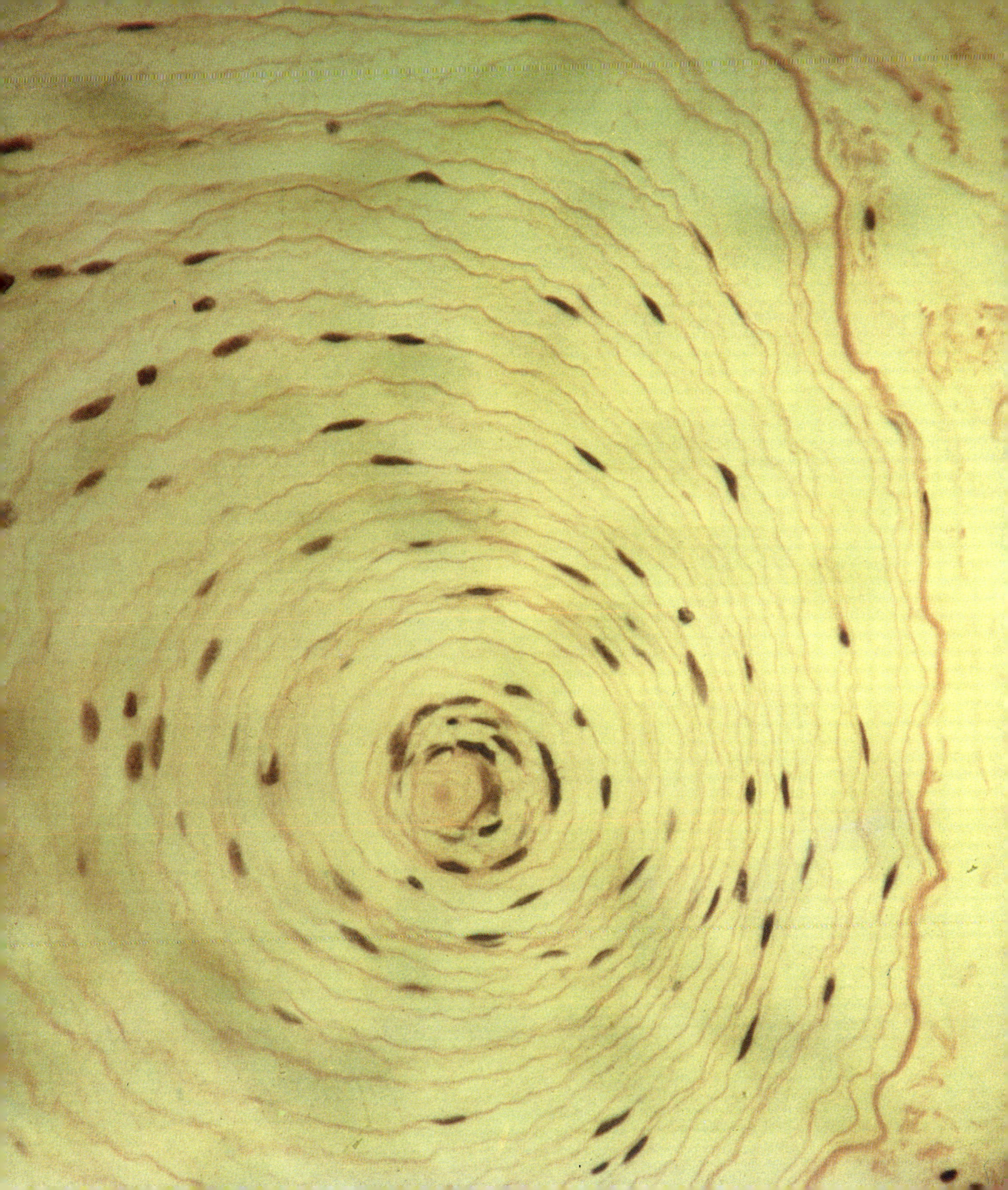

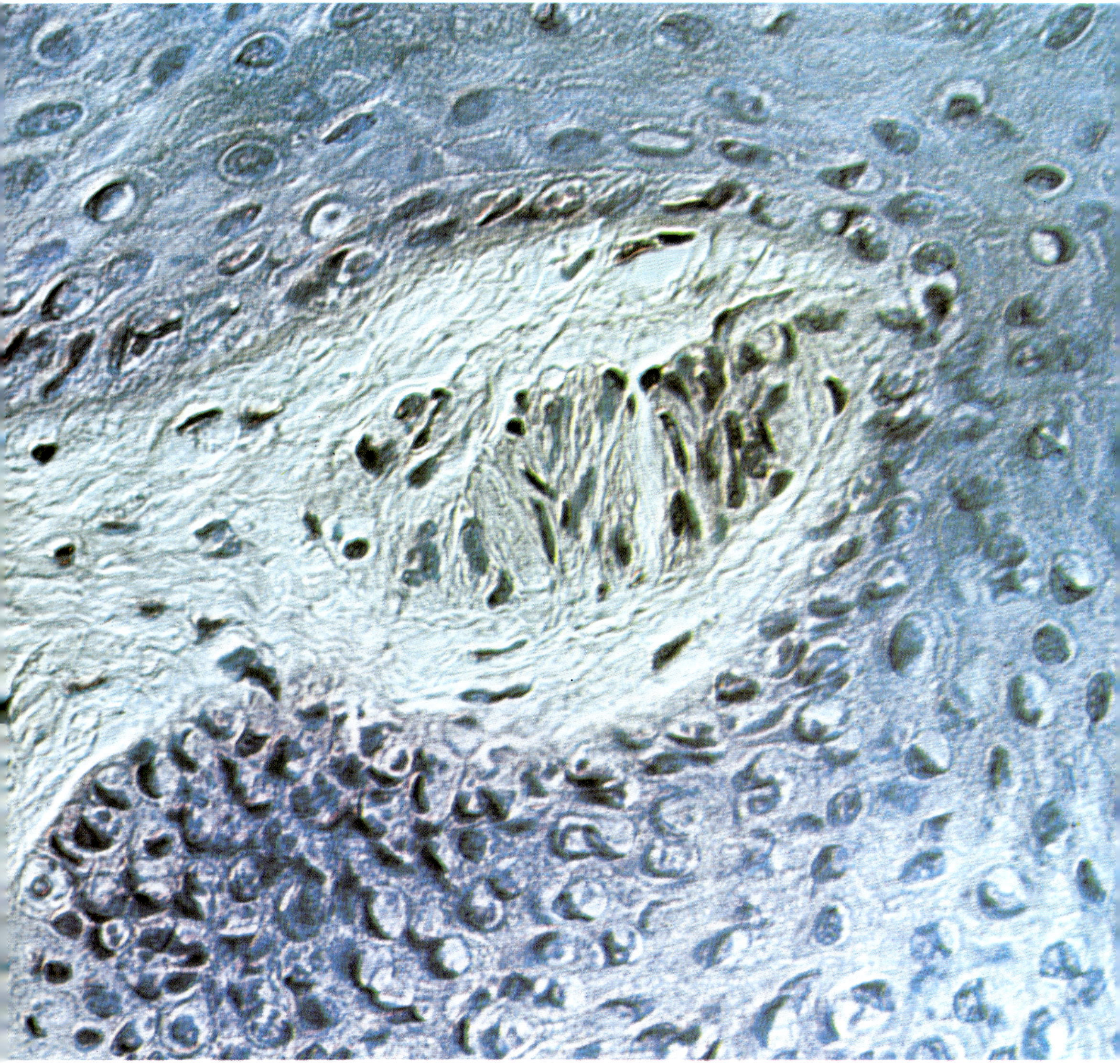

79

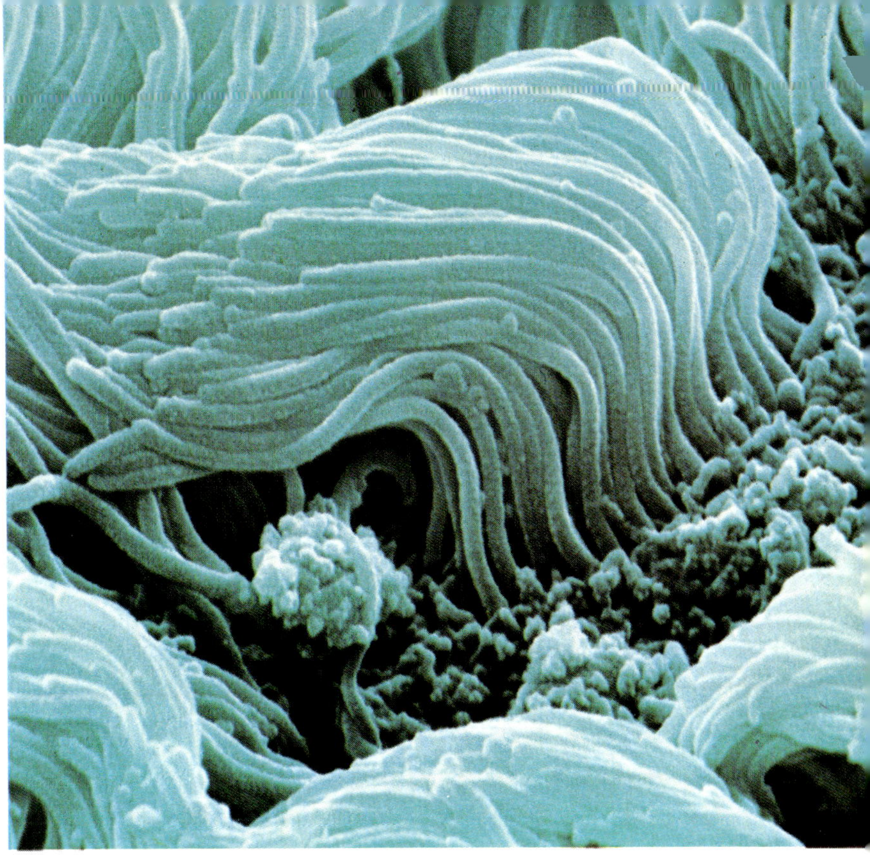

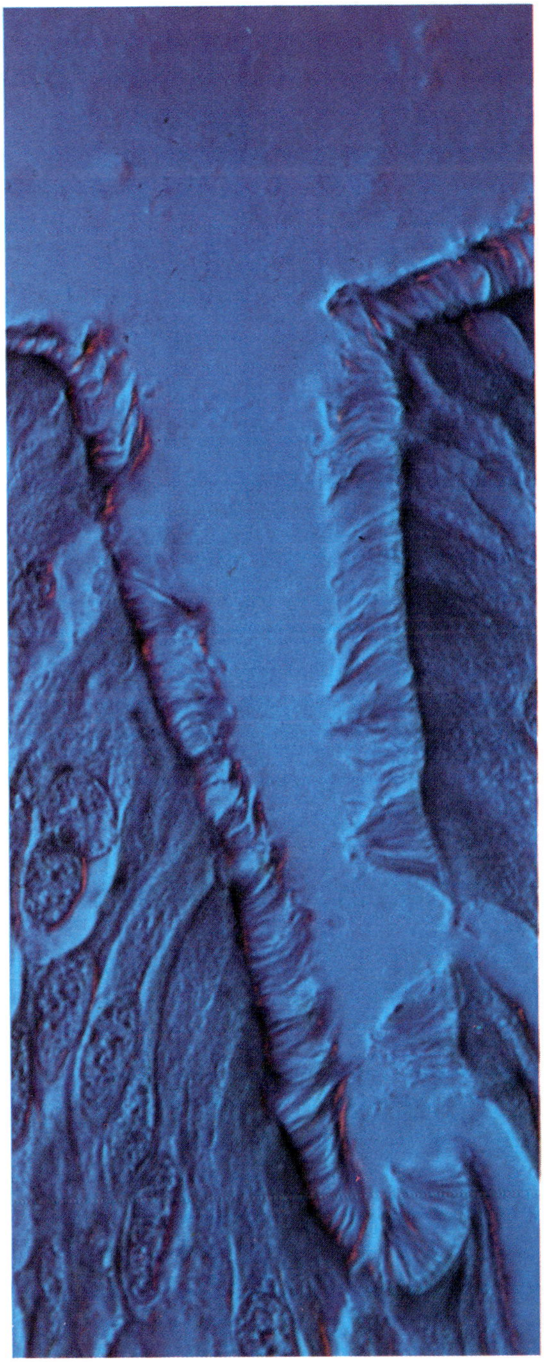

78

80

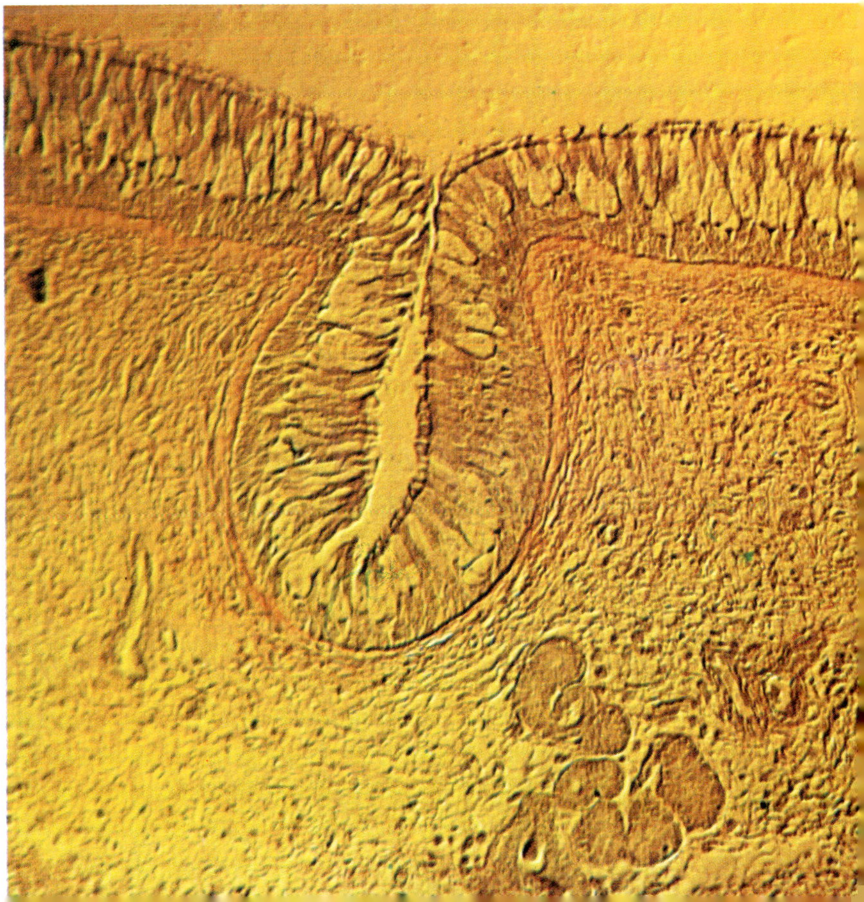

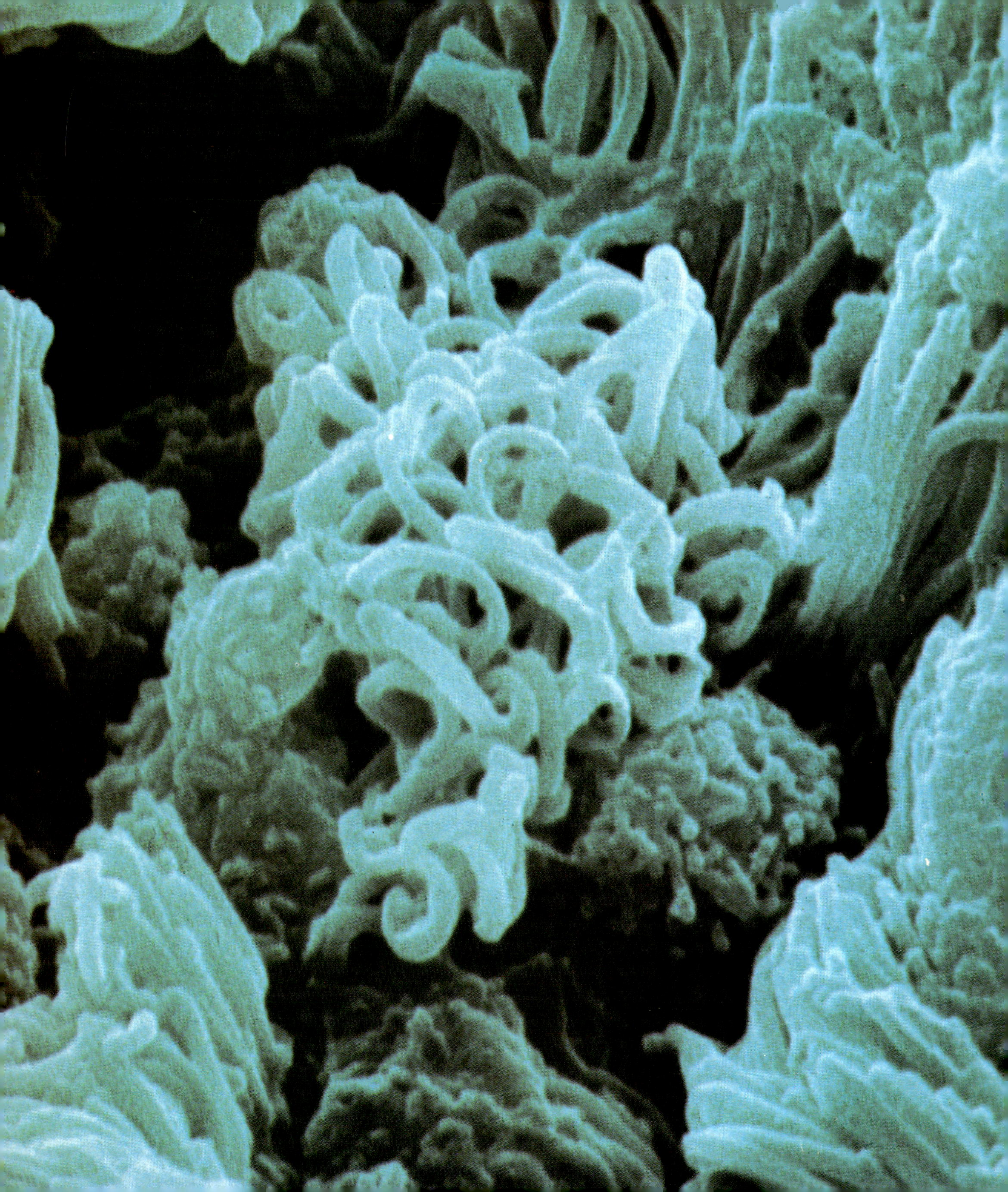

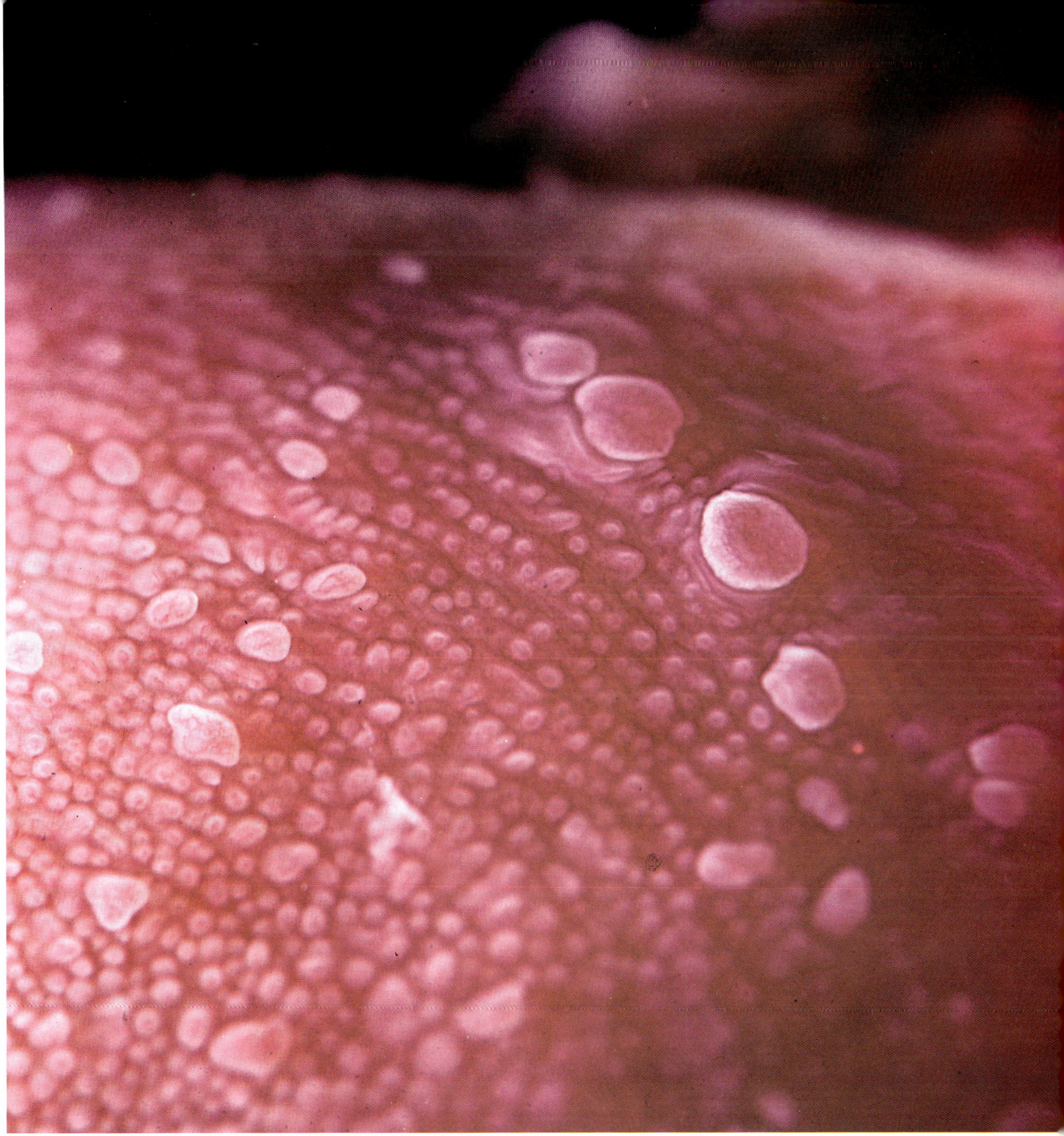

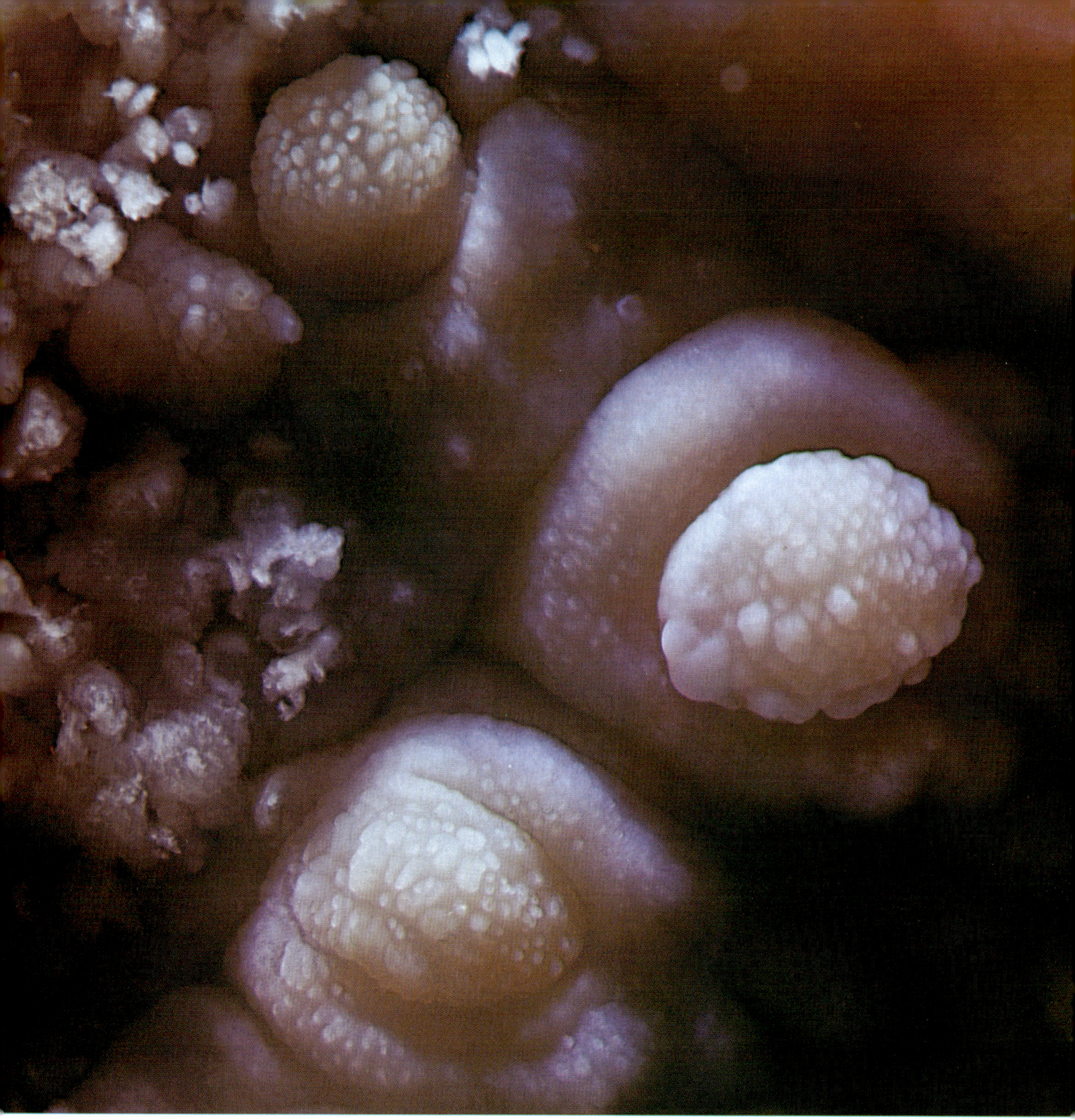

## 78/80 Schleimepithel der Nasenhöhle

Die Nase befeuchtet, erwärmt und reinigt die Atemluft; außerdem liegen im oberen Teil der Nasenhöhle die Geruchsrezeptoren. Durch eine Scheidewand (*Septum nasi*) wird die Nasenhöhle in zwei Teile getrennt. Bis auf das kleine Riechfeld sind die Wände der Nasenhöhlen durch eine mit Blutgefäßen versehene Schleimhaut ausgekleidet, deren lockeres Gewebe von einem mehrreihigen Zylinderflimmerepithel mit einer großen Zahl von Becherzellen überzogen ist. Die Gesamtoberfläche der Nasenhöhlenschleimhaut wird durch die Windungen der drei Nasenmuscheln (*Conchae nasales*) noch erheblich vergrößert. Das Venennetz des Schleimhautbindegewebes erwärmt die Atemluft; es liegt direkt unter der Epithelschicht. Zahlreiche Drüsen sondern die Nasenflüssigkeit ab, die der Befeuchtung der Schleimhaut und damit der Atemluft dient. Selbst bei trockener Außenluft wird diese bereits in der Nasenhöhle fast vollständig mit Wasserdampf gesättigt. Die Flimmerhaare (*Cilien*) strudeln den von den Becherzellen ständig erzeugten Schleim und die darin verklebten Staub-, Kohle- und andere Teilchen gegen die Nasenlöcher oder den Rachen.

Auf dem linken Bild ist im Querschnitt deutlich der dichte Besatz der Zellen mit Flimmerhaaren erkennbar. Die Cilien haben eine Länge von etwa $^1/_{1000}$ mm und eine Dicke von ca. $^2/_{10000}$ mm. Flimmerepitheln kleiden neben der Nasenhöhle auch den Rachen und die Atemhöhle aus.

Die Abbildung unten rechts zeigt eine Vielzahl von Becherzellen im Epithel. Sie senken sich oft in drüsenartigen Konzentrationen als Falten in die Schleimhaut ein. Die roten Flecken im Bindegewebe sind schlauchförmige Drüsen, die dünnflüssige Sekrete absondern.

## 79/81 Das Flimmerepithel der Nase

Die Aufnahmen oben rechts und auf der folgenden Seite entstanden bei etwa 12000facher Vergrößerung unter dem Rasterelektronenmikroskop. Man erkennt die im Schlag erstarrten Wimpernbüschel auf je einer Epithelzelle. Die Wimpern sind Ausstülpungen der Zelloberfläche; jede von ihnen besitzt in ihrem Innern ein geordnetes System feiner, längsgerichteter Eiweißfäden, mit deren Hilfe die Flimmerhaare Ruder- und Schlagbewegungen ausführen können. Zwischen den Cilienbüscheln sieht man auf den Oberflächen der zahlreichen in das Epithel eingestreuten Schleimzellen körnig erscheinende Schleimmassen, die aus den Becherzellen hervorquellen.

## 82-83 Die Oberseite des Zungengrundes

Die Zunge – im geringeren Maße auch Gaumen und Kehldeckel – ist der Sitz des Geschmackssinnes. Ebenfalls spielt bei der Nahrungsaufnahme der Geruchssinn eine wesentliche Rolle, und selbst der Gesichtssinn ist hierbei beteiligt. Temperatur- und Tastempfindungen tragen gleichfalls zur Geschmacksfindung bei.

Die Sinnesorgane des Geschmacks sind die 0,07 mm langen, spindelförmigen Geschmacksknospen. Sie bestehen jeweils aus einer Gruppe von Stützzellen und Sinneszellen, die an der Epitheloberflächenseite kleine Stifte zur Aufnahme der Schmeckreize haben und in deren Innern die Fasern der Geschmacksnerven enden. Die Nerven werden von hier aus über das verlängerte Mark (*Medulla oblongata*) auf das Geschmackszentrum in der Gehirnrinde übertragen und dort in Sinneswahrnehmungen umgewandelt. Die Geschmacksorgane sprechen nur auf bestimmte wasserlösliche Substanzen an und nehmen nur vier Qualitäten wahr: süß, salzig, sauer und bitter. Süß schmeckt man am ausgeprägtesten an der Zungenspitze, salzig ebenfalls noch am vorderen Zungenteil, sauer an den seitlichen, mittleren Zungenrändern und bitter am Zungengrund; z.T. können auch mehrere Qualitäten von einer Geschmacksknospe wahrgenommen werden. Auf der Zunge sitzen die Geschmacksknospen vor allem auf den 8-12 Wallpapillen (*Papillae circumvallatae*); ferner an den Seitenwänden der pilzförmigen Papillen (*P. fungiformes*; beim Menschen 350-400) und im Wandepithel der Blattpapillen (*P. foliatae*).

Das Bild auf der vorstehenden Seite zeigt einen Blick auf die Oberseite des Zungengrundes. Die großen auffälligen Wallpapillen, die in die Zungenoberfläche eingesenkt und von einem Wallgraben umgeben werden, sind in einer V-förmigen Querlinie auf dem Zungengrund angeordnet. In den Ringwall, an dessen Wänden die Geschmacksknospen sitzen, münden am Grunde Spüldrüsen ein, die jeweils wieder die Geschmacksstoffe aus den Geschmacksknospen herausspülen; dadurch können die nachfolgenden Reizstoffe an die Sinneszellen gelangen. Die übrige Zungenoberfläche (links) ist dicht mit Fadenpapillen und einigen größeren Pilzpapillen besetzt; diese enthalten beim erwachsenen Menschen gewöhnlich keine Geschmacksknospen. Rechts im Zungengrund die Zungenmandeln. Sie bestehen aus lymphatischem Gewebe.

Das nebenstehende Bild zeigt zwei Wallpapillen, in starker Vergrößerung von oben gesehen.

# DAS BLUT

Das Blut – sein eigenes und das der Tiere – hat in der Vorstellung des Menschen von jeher eine besondere Rolle gespielt. Das Blut der Opfertiere wurde über Altäre gegossen, das des Feindes getrunken, um damit dessen Kraft aufzunehmen. Blut besiegelte unbrechbare Bruderschaften und war der Inbegriff der eigenen Identität. Sein Blut „hinzugeben" für das Vaterland oder für seine Freunde war höchstes persönliches Opfer. Hat unsere Naturwissenschaft, die uns über die Zusammensetzung des Blutes bis in seine kleinsten Moleküle Auskunft gibt, diese ihm beigemessene Magik völlig zerstört? Weitgehend vielleicht, aber nicht ganz. Denn auch die Wissenschaft muß zugeben, daß das Blut die wichtigste unserer Körperflüssigkeiten ist; wenn er sie in größerer Menge verliert, so stirbt der Mensch. Noch heute sprechen wir von „unnötigem Blutvergießen", wenn wir ausdrücken wollen, daß Menschenleben sinnlos geopfert wurde.

Was aber passiert, wenn der Körper „verblutet"? Die Antwort, daß er erstickt, überrascht uns zunächst, denn mit der Atmung haben wir das Blut und das dieses bewegende Herz nicht von vornherein in Verbindung gebracht. Und doch ist es eine seiner Hauptaufgaben, den Sauerstoff, den wir in den Lungen aus der eingeatmeten Luft aufnehmen, im ganzen Körper zu verteilen und die Zellen für die chemischen Stoffwechselvorgänge damit zu versorgen. Wir werden später sehen, daß das Blut noch eine ganze Reihe anderer Aufgaben zu erfüllen hat; aber auch sie beruhen auf der Tatsache, daß diese Flüssigkeit in einem Kreislauf durch den ganzen Körper geschickt wird und dadurch ein ideales „Transportmittel" für die verschiedenen Stoffe ist, die von dem Ort, an dem sie entstehen, an eine andere Stelle des Körpers gebracht werden sollen.

Der Stoffwechsel, bei dem mit Hilfe des Sauerstoffs komplex zusammengesetzte chemische Verbindungen in einfache, nur aus wenigen Molekülen bestehende Substanzen abgebaut werden, ist eine Verbrennung, bei der, wenn sie abgeschlossen ist, nur Wasser, Kohlensäure und – beim Abbau der stickstoffhaltigen Eiweißkörper – Ammoniak übrigbleiben. Da Ammoniak ein giftiger Stoff ist, wird er sehr schnell in Harnstoff und Harnsäure umgesetzt, die beide unschädlich sind; sie werden mit dem Harn ausgeschieden.

Mit der Einführung des Begriffes „Verbrennung" wird uns klar, warum ein Tod durch Verbluten ein Erstickungstod für das Körpergewebe ist: Wie eine Flamme erstickt, wenn ihr kein Sauerstoff mehr zugeführt wird, so erlöschen ohne ihn auch die lebensnotwendigen Stoffwechselvorgänge in den Zellen. Da die Gehirnzellen nur sehr kurz unbeeinträchtigt ohne Blutzufuhr bleiben können, werden sie bei einem Blutverlust als erste von dem Sauerstoffmangel betroffen; die Folge ist eine tiefe Ohnmacht. Hält der Blutverlust an, führt er zum Tode.

Zwei Fragen stellen sich uns: Wie schafft das Blut den Sauerstoff zu den Zellen? Und warum verbluten wir nicht bei jeder kleinen Verletzung? Da das Blut im Körper in ständiger Bewegung ist, müßte es, wenn die „Röhren", in denen es fließt, die Adern, angeschnitten werden, ja eigentlich auch ständig nach draußen strömen.

Wir wollen mit der Antwort auf die zweite Frage beginnen. Wenn das Blut bei einer Verletzung tatsächlich, ohne zum Stillstand zu kommen, aus dem Körper fließen würde, wäre schon vor vielen Millionen Jahren immer ein unverhältnismäßig großer Anteil der Tiere gestorben – verblutet –, und es hätte nie eine Evolution bis zum Menschen gegeben. Auch für seine Existenz war es somit eine Vorbedingung, daß sich im Laufe der Stammesgeschichte schon sehr früh eine Eigenschaft der Blutflüssigkeit entwickelte, die wir als „Gerinnungsfähigkeit" bezeichnen. Das bei einer Verletzung ausgetretene Blut erstarrt und verstopft die angeschnittenen Gefäße. Bei diesem Vorgang wird ein löslicher flüssiger Eiweißstoff, das Fibrinogen, in einen festen fasrigen, das Fibrin, umgewandelt, etwa so wie das Eiklar eines Hühnereies beim Kochen gerinnt. Während es hier die Hitze ist, die es zum Erstarren bringt, löst bei der Blutgerinnung allein der Austritt aus den Adern eine überaus komplizierte Kettenreaktion verschiedener Vorgänge aus, die endlich zum Verschluß der Adern mit dem Fibrin führen.

Wie wichtig die Blutgerinnung ist, zeigt sich daran, daß Krankheiten, die zu ihrer Störung führen, lebensgefährlich sein können. Wenn die Kettenreaktion der Gerinnung beispielsweise an der aus irgendeinem Grunde geschädigten Innenwand einer Ader auftritt, so bilden sich Gerinnsel, die vom Blutstrom ins Gehirn oder ins Herz getragen, dort die Adern verstopfen und damit die Sauerstoffzufuhr unterbinden können. Es kommt dann leicht zum tödlich endenden Schlaganfall. Umgekehrt gibt es eine schwere Erbkrankheit, bei deren Trägern, den sog. „Blutern", das Blut nicht oder nur sehr langsam gerinnt. Die kleinste Verletzung kann bei diesen Menschen zu einem lebensbedrohenden Blutverlust führen.

Kommen wir nun zu der Frage, wie das Blut den Sauerstoff an die Zellen der Körpergewebe bringt, und sehen wir uns zunächst einen Tropfen davon unter dem Mikroskop an. Die für unser „unbewaffnetes" Auge gleichmäßig rote Flüssigkeit löst sich in der Vergrößerung in viele Einzelzellen auf, die in einer gelblichen Flüssigkeit, dem Blutserum, schwimmen. Dabei fallen vor allem die vielen rötlichen Zellen, die „roten Blutkörperchen" oder Erythrozyten, auf. Daneben finden sich einige farblose Zellen, die „weißen Blutkörperchen" oder Leukozyten.

Für den Transport des Sauerstoffs sind die roten Blutkörperchen verantwortlich. Der erwachsene Mensch hat etwa 25000 Milliarden davon. Aneinandergereiht würden sie einen Faden von 200000 Kilometer Länge ergeben. Die Erythrozyten werden außerhalb der Blutbahn gebildet, beim erwachsenen Organismus ausschließlich im roten Knochenmark des Brustbeins, des Beckens, der Rippen und Wirbel, im Schädel und in gewissen Teilen der Röhrenknochen, beim Säugling und Kleinkind auch in der Leber und in der Milz. Da die roten Blutkörperchen beim Durchgang durch die Kapillaren – winzige Haargefäße – einer starken mechanischen Belastung ausgesetzt sind, „leben" sie nicht länger als im Durchschnitt 120 Tage; es muß deshalb ständig für „Nachschub" gesorgt und es müssen neue Erythrozyten gebildet werden.

Die rote Blutzelle verliert, wenn sie aus ihrer Bildungsstätte ins kreisende Blut gelangt, den Zellkern. Sie ist dann eine flache runde Scheibe, die in der Mitte eingedellt ist. Durch diese Form wird die Oberfläche des roten Blutkörperchens im Verhältnis zu seinem Volumen außerordentlich groß, und durch die halbdurchlässige – „semipermeable" – dünne Membran, die die Blutzelle umgibt, kann verhältnismäßig viel Sauerstoff von dem im Inneren der Zelle vorhandenen roten Blutfarbstoff, dem Hämoglobin, gebunden werden. Das Hämoglobin ist der wichtigste Bestandteil der Erythrozyten, da er Sauerstoff chemisch sehr leicht an sich bindet und in einer Umgebung, die weniger Sauerstoff enthält, genauso leicht wieder an diese abgibt. Es besteht aus dem Eiweiß Globin und dem Farbstoff Häm, der Eisen enthält. Mit Sauerstoff beladenes Hämoglobin, also das in dem von der Lunge kommenden Blut, ist hellrot; hat es den Sauerstoff abgegeben, so wird es dunkelrot.

Die weißen Blutkörperchen oder Leukozyten sind viel größer als die roten und verlieren ihren Zellkern in der Blutbahn nicht. Ihre Zahl ist jedoch wesentlich geringer; auf 700 rote kommt etwa ein weißes Blutkörperchen. Im Gegensatz zu den Erythrozyten, die passiv im Blutstrom mitgenommen werden, bewegen sich die Leukozyten selbständig. Sie verändern als Wanderzellen ihre Form und können durch die feinen Lücken in der Wand der Haargefäße hindurch aus der Blutbahn auswandern, um ins Gewebe eingedrungene Fremdkörper, Bakterien etwa, amöbenartig zu umschließen und zu fressen. Müssen an einer Stelle besonders viele dieser Eindringlinge und außerdem das durch sie geschädigte Körpergewebe auf diese Weise beseitigt werden, so bildet sich Eiter. Er besteht aus weißen Blutkörperchen, die bei der Ausübung ihrer Funktion, „Schutzpolizei" des Körpers zu sein, zugrunde gegangen sind. Diese Funktion der weißen Blutkörperchen ist mitverantwortlich dafür, daß die Verpflanzung von Organen von einem Körper auf den anderen oft nicht gelingt.

Auch untereinander unterscheiden sich die weißen Blutkörperchen nach Herkunft und Gestalt. So stammen die sog. Granulozyten vor allem aus dem Knochenmark, die Lymphozyten aus den Lymphfollikeln der Milz und der Lymphknoten. Aus der relativen Verteilung von Granulozyten, Lymphozyten und Monozyten kann der Arzt wichtige Schlüsse ziehen, denn bei bestimmten Krankheiten ist das „Blutbild" zugunsten oder zuungunsten der einen oder der anderen Gruppe von Leukozyten verschoben.

Aber nicht nur die weißen Blutkörperchen, auch das Blutserum, die weißlichgelbe Flüssigkeit, in der wir unter dem Mikroskop die Blutzellen schwimmen sahen, enthält Stoffe, die eine Schutzfunktion für den Körper haben. Sie können die in den Körper eindringenden Krankheitserreger, die Bakterien beispielsweise, chemisch schädigen. Auf ihrer Wirkung beruht die sog. natürliche Immunität unseres Organismus gegen Infektionen. Ihr ist es zu verdanken, daß unser Risiko, an den ja massenhaft im Staub vorhandenen Erregern immer und sofort zu erkranken, herabgesetzt ist. Kommt es trotz der natürlichen Widerstandskraft zu einer Infektion und können sich die Krankheitserreger im Körper vermehren, so entwickelt dieser Gegengifte, die sog. Antikörper.

Diese von bestimmten Arten von weißen Blutkörperchen gebildeten Eiweißstoffe richten sich sowohl gegen die Erreger selbst als auch gegen die von diesen produzierten Gifte. Sie wirken jedoch nur gegen jene Erreger und ihre Giftstoffe, die die Antikörperbildung ausgelöst haben. Antikörper, die bei einer Kinderlähmung entwickelt wurden, sind beispielsweise nur gegen die Erreger dieser Krankheit wirksam. Allerdings finden sie sich noch lange, nachdem die Krankheit überstanden ist, im Blut und bilden dort für den Menschen einen mehr oder weniger dauerhaften Schutz gegen „ihre" Erkrankung. Man nützt diese Beziehung zwischen Krankheitserregern und Antikörpern bei der Impfung aus. So bringt man beispielsweise bei der Pockenimpfung Krankheitserreger im abgeschwächten, bei der Typhusimpfung oder bei der gegen die Kinderlähmung sogar in völlig abgetötetem Zustand in den Körper. Die Bakterien oder Viren können so zwar keine schwere Krankheit mehr hervorrufen, sind aber immer noch in der Lage, im Organismus die Bildung von Antikörpern auszulösen. Damit baut sich der Körper selbst einen Schutz gegen die Erreger dieser Krankheit auf.

# HERZ UND BLUTKREISLAUF

Um seine vielen Aufgaben erfüllen zu können, muß sich das Blut im Körper ständig bewegen. Die Erkenntnis, daß diese Bewegung kreisförmig ist, hatte vor einigen hundert Jahren eine ähnliche weltanschaulich revolutionierende Bedeutung wie die Entdeckung des Nikolaus Kopernikus, daß die Erde nicht im Mittelpunkt unserer Welt steht, sondern sich in einer kreisförmigen Bahn um die Sonne bewegt. Der spanische Arzt Michael Serveto, der wegen eines angeblich ketzerischen Buches über „Die Wiederherstellung des Christentums" 1553 auf dem Scheiterhaufen verbrannt wurde, hatte in diesem Buch auch zum ersten Male die Theorie von einem Kreislauf des Blutes entwickelt. Sie widersprach jedoch der Ansicht des noch während des ganzen Mittelalters als Autorität geltenden Aristoteles, daß nur himmlische Materie sich auf einem Kreis bewegen könne, natürliche Bewegungen auf der Erde aber immer einen Anfang und ein Ende besäßen. Sowohl Kopernikus, der das heliozentrische Weltbild schuf, als auch Serveto und die ihm in der Erforschung des Blutkreislaufes folgenden Gelehrten zeigten, daß auch irdische Bewegungen kreisförmig sein können; sie trugen damit zu dem wissenschaftlichen und weltanschaulichen Aufbruch in der Mitte des 16. Jahrhunderts bei.

Der „Motor" des Blutkreislaufes, der auf diese Weise Geschichte machte, ist das Herz. Es ist ein kegelförmiger, muskulöser, etwa faustgroßer Hohlkörper, der, im sog. Herzbeutel eingeschlossen, dicht hinter dem Brustbein liegt. Das Innere des Herzens wird durch eine Scheidewand in eine linke und eine rechte Hälfte geteilt, von denen jede einen Vorhof, das Atrium, und eine Kammer, den Ventrikel, besitzt. Die beiden Herzkammern wirken als Druck- und Saugpumpen. Bei jedem Schlag zieht sich der Herzmuskel zusammen, und das Blut, das die rechte Hälfte erfüllt, wird durch den entstehenden Druck über die Lungenschlagader in die Lungen getrieben, das Blut aus der linken Hälfte dagegen gleichzeitig durch die Körperschlagader, die Aorta, in den ganzen Körper. Wenn der Herzmuskel erschlafft, saugt das nun in der Kammer entstandene Vakuum das Blut aus den Venen und füllt die Ventrikel für den nächsten Herzschlag wieder an.

Wir können so den Weg des Blutes, seinen „Kreislauf", durch den Körper verfolgen:

Zunächst gelangt es aus der rechten Herzhälfte über den „kleinen", den Lungenkreislauf, in die Lunge, wo sich die Adern in feinste Haargefäße, die sog. Kapillaren, aufteilen. Das Innere der Lunge ist in zahllose Bläschen aufgeteilt, so daß die Fläche für einen Gasaustausch zwischen der Luft und den blutdurchströmten Lungenbläschen an der zarten Wand der Haargefäße extrem groß ist. Wir sehen, wenn wir ein Stück Rinderlunge beim Fleischer kaufen, daß sein Volumen durch die vielen Bläschen im Vergleich zu seinem Gewicht unverhältnismäßig groß ist. Das Lungengewebe wirkt wie aufgebläht.

Das Hämoglobin der Blutkörperchen nimmt den Sauerstoff aus der Atemluft durch die dünne Wand der Kapillaren auf. Das auf diese Weise mit Sauerstoff beladene hellrote Blut gelangt durch die Lungenvene in die linke Herzkammer und von dort mit dem nächsten Herzschlag in den „großen", den Körperkreislauf. Durch den noch aus der Herzkammer stammenden Druck wird es über die Aorta in die großen Arterien des Kopfes, der Extremitäten, der Leber und der Niere getrieben. Die Gefäße verzweigen sich immer stärker, bis auch sie in feinste Haargefäße aufgeteilt sind, an denen nun der umgekehrte Austausch wie in der Lunge stattfindet: Der Sauerstoff wird an die Zellen des Körpergewebes abgegeben, und das sauerstoffarme, dunkelrote Blut fließt aus den Kapillaren in die größeren Venen und durch sie in die rechte Herzkammer zurück. Das alles geht sehr rasch; die Blutkörperchen können in weniger als einer halben Minute den Weg vom Herzen in die Lunge und zum Herzen zurück und dann durch den gesamten „großen" Kreislauf ebenfalls wieder zum Herzen zurücklegen.

Der Herzschlag, der den Kreislauf des Blutes ständig in Bewegung hält, war von jeher der Inbegriff des menschlichen Lebens überhaupt, der Herzstillstand das Kriterium des Todes. William Harvey, der 1578 geborene große englische Physiologe, der die zentrale Bedeutung des Herzens für den menschlichen Körper erkannt und seine Funktionen in zahlreichen Experimenten untersucht hatte, schrieb in seinem Buch „De motu cordis" (Von der Bewegung des Herzens): „Das Herz der Lebewesen ist der Grundstock ihres Lebens, der Fürst ihrer aller, der kleinen Welt Sonne, von der alles Leben abhängt, alle Frische und Kraft ausstrahlt." Erst in unserer Zeit, da es der oft übersteigerten Medizin gelingt, einen menschlichen Körper in Funktion zu erhalten, auch wenn das Bewußtsein schon gewichen ist, wird der Herzstillstand, die Tatsache, daß das zentrale Organ des Blutkreislaufes aufgehört hat zu schlagen, nicht mehr als Kriterium des Todes gewertet. Heute gilt nach wissenschaftlicher Übereinkunft ein Mensch dann als tot, wenn sein Hirnstrombild, das Elektroencephalogramm (EEG) keine Tätigkeit des Gehirns mehr anzeigt. Diese Trennung von Körper und Geist bei der Definition des Todes – und damit naturgemäß auch der des Lebens – scheint wie ein Symbol für die Gefahr, die in einer Überbewertung der technischen Möglichkeiten in der Medizin liegt, der Gefahr nämlich, daß Körper und Seele nicht mehr als Einheit gesehen werden, daß der Mensch seinem eigenen Körper wie einem „behandelbaren" Gegenstand entfremdet wird.

# UNSERE NAHRUNG ...

Doch – trotz der entscheidenden Rolle, die der Sauerstoff im Organismus spielt – von der Luft allein kann der Mensch nicht leben. Bei allen Stoffwechselvorgängen werden außer dem die Verbrennung unterhaltenden Sauerstoff auch Substanzen gebraucht, durch deren Verbrennen Energie frei wird, und Baustoffe, um mit ihnen die sich laufend abnutzenden und absterbenden Gewebe zu ersetzen. Zucker oder Kohlenhydrate und Fette sind reine Betriebsstoffe, also Lieferanten der Energie, die der Körper zu allen Stoffwechselvorgängen, wie sie unter anderem auch den Bewegungen zugrunde liegen, braucht. Sie enthalten jedoch keinen Stickstoff, der ein wesentlicher Bestandteil der Aminosäuren ist, die wiederum die Grundbausteine des Protoplasmas, der Zellsubstanz, sind.

Bei den Kohlenhydraten, Fetten und Eiweißstoffen handelt es sich demnach um die drei Klassen von chemischen Substanzen, die für den Menschen und die große Mehrzahl der Tiere die wichtigsten Nahrungsstoffe sind. Könnte der Mensch also – um das bekannte Sprichwort etwas anders als in seinem eigentlichen Sinne zu zitieren – vom Brot allein nicht leben? Es besteht hauptsächlich aus Stärke, also aus Kohlenhydraten. Diese Frage ist sehr wichtig, denn sie spielt in der Diskussion darüber, ob die ständig wachsende Weltbevölkerung in Zukunft auch nur annähernd satt werden kann, eine entscheidende Rolle.

Die meisten Menschen auf der Welt leben vor allem oder auch ausschließlich von Getreide, von Weizen, Mais oder Reis, alles vorwiegend kohlenhydrathaltige Nahrungsmittel. Diese zu produzieren kostet wesentlich weniger Energie und Geld als die Erzeugung von Fleisch, Eiern oder Milch. Da die Getreidekörner, die ja Pflanzensamen mit den Bestandteilen jeder normalen Zelle sind, neben ihrem hohen Gehalt an Stärke auch etwas Protoplasma, also Eiweißstoffe enthalten, können sie sehr wohl als „Eiweißlieferant" gelten. Allerdings ergeben sich dabei zwei Schwierigkeiten. Einmal hat pflanzliche Nahrung wesentlich weniger Eiweiß als tierische, zum anderen sind im Eiweiß der meisten Pflanzen einige Aminosäuren nicht enthalten, die zu den sog. essentiellen, den lebensnotwendigen gehören. Vom menschlichen Körper aber werden sie nicht aufgebaut, während die Tiere, die nur von Pflanzen leben, dazu in der Lage sind. Wir benutzen, um ausreichend damit versorgt zu werden, also gewissermaßen die „Vermittlerrolle“ dieser Tiere, durch deren Fleisch, Eier oder Milch wir die für unsere Gesundheit notwendigen Aminosäuren aufnehmen können. Die Ansicht, daß tierisches Eiweiß für die menschliche Ernährung unumgänglich notwendig sei, war immer sehr umstritten; man sprach lange Zeit von einer „Eiweißlücke“, die in der Ernährung vor allem der Bewohner der Dritten Welt bestehen würde. Vor einigen Jahren kamen Ernährungs- und Gesundheitsexperten der Vereinten Nationen nach sorgfältigen Studien jedoch zu der Ansicht – die nun auch die Hilfsprogramme der UNO bestimmt –, daß die Zufuhr von pflanzlichem Eiweiß für einen gesunden, erwachsenen Organismus ausreichen kann, da er weniger Eiweiß braucht, als man bisher annahm, und eine Reihe von Pflanzen – Sojabohnen und Nüsse etwa – zur Versorgung mit den sonst in Pflanzen fehlenden essentiellen Aminosäuren beitragen können. Wenn der Körper allerdings besonders viel an neuem Protoplasma aufbauen muß, der von Kindern und Heranwachsenden beispielsweise, der von werdenden und stillenden Müttern oder von Kranken und Rekonvaleszenten, kann auf die Zufuhr von tierischem Eiweiß nicht verzichtet werden. Wir sehen hier, wie die Erfahrungen über den menschlichen Körper sogar die Entwicklungspolitik von Weltorganisationen bestimmen.

Nicht verzichten kann der Körper auch auf eine Reihe von Stoffen, die ihm nur in sehr geringen Mengen zugeführt werden, aber für den normalen Ablauf bestimmter Stoffwechselvorgänge unentbehrlich sind. Zu ihnen gehören vor allem die Vitamine, Stoffe verschiedener chemischer Herkunft, von denen man heute etwa 20 verschiedene kennt. Auch das Fehlen der sog. Spurenelemente, wie Eisen – wir begegneten ihm bereits als einem wichtigen Bestandteil des Blutfarbstoffes –, Fluor, Jod und Kupfer, kann zu mehr oder weniger schweren Mangelerscheinungen führen.

# ... UND WIE SIE VERARBEITET WIRD

Vom Frühstücksbrot mit Wurst und Butter und seinem Angebot an Kohlenhydraten, Fett und Eiweiß bis zum Protoplasma des menschlichen Organismus ist allerdings ein langer Weg. Die in der Nahrung ja in äußerst komplizierter Form angebotenen Stoffe müssen im Körper zunächst in einfache Verbindungen zerlegt und dann zu körpereigenen Substanzen wieder aufgebaut werden, so etwa, wie man Teile eines nicht passenden Kleides zunächst voneinander trennen und dann nach einem neuen Schnittmuster wieder zusammenfügen muß, um es brauchbar zu machen.

Der „Auftrennvorgang" der Nahrungsstoffe findet im sog. Verdauungstrakt statt. Zu ihm gehören die Mundhöhle, die Speiseröhre, der Magen und Darm mit der dazugehörigen Anhangdrüsen, den Speicheldrüsen, den Drüsen des Magens, der Bauchspeicheldrüse und der Leber. Sie schütten, während die Nahrung den Verdauungstrakt passiert, jeweils bestimmte Fermente, die sog. Enzyme, aus; sie beschleunigen als Katalysatoren den chemischen Abbau der Stoffe oder machen ihn überhaupt erst möglich. Die „grobe" Arbeit des Abbauprozesses erfolgt zunächst mechanisch durch die Zähne, die die Nahrung zerkleinern. Schon während dieses Vorgangs wird sie mit den Enzymen der Speicheldrüsen vermischt und damit der chemische Abbauprozeß eingeleitet. Im Magen, dessen Drüsen den Magensaft, eine wasserklare durch Salzsäure stark saure Flüssigkeit, und andere Fermente sezernieren, wird der Nahrungsbrei durch die Bewegung der Magenmuskulatur gut mit den Enzymen vermischt und von Zeit zu Zeit in den Darm entleert. Dieser hat beim erwachsenen Menschen durch den natürlichen Spannungszustand nur eine Länge von 1,6-1,8 Metern, während er im entspannten Zustand 6-7 Meter mißt. Sein vorderer Teil, der Dünndarm, ist ein glatter Schlauch mit vielen beweglichen Darmschlingen, der die Nahrungsstoffe aufsaugt. Der zweite Teil des Darmes, der an der Oberfläche vielfach ausgebuchtete Dickdarm, dickt das Unverdaute ein und gibt das, was von der Nahrung als unbrauchbare Feststoffe übriggeblieben ist, aber auch die abgenutzten Gewebestücke unseres eigenen Körpers wieder an die Außenwelt ab.

Denken wir noch einmal daran, daß der Darmtrakt und seine Anhangdrüsen – mit Ausnahme der Mundhöhle und des Enddarms – die Organe unseres Körpers sind, die in der embryonalen Entwicklung aus dem Entoderm, dem inneren Keimblatt, stammen, so verstehen wir, warum diese Gewebe sich von den anderen, denen aus dem Ektoderm und dem Mesoderm entstandenen unterscheiden: Ihre Besonderheit ist es, das chemische „Zentrallabor" des Körpers zu sein, in dem sowohl der Abbau der zugeführten als auch der Transport und die erste Aufbereitung der wieder gebrauchten Stoffe und endlich die „Rückstandsbeseitigung" erfolgen.

Wir müssen hier allerdings noch einen gesonderten Blick auf die größte Anhangdrüse des Darmtraktes, auf die Leber, werfen; sie spielt bei den Stoffwechselvorgängen eine besondere Rolle. Ähnlich wie das Herz galt sie in früheren Zeiten als der Sitz besonderer Lebenskräfte. Aus der Beschaffenheit der Leber geopferter Tiere wurde in der Antike die Zukunft vorausgesagt. Die Leber des Menschen ist ein braunes, keilförmiges Organ. Ihr Hauptteil, ein großer Lappen, liegt rechts im Oberbauch, ein kleinerer ragt über die Mittellinie des Körpers nach links. Diese Hauptteile sind weiter in kleinere Läppchen gegliedert. Die Zellen des Lebergewebes sondern die Galle ab, die die Fettverdauung fördert. Sie gelangt durch Kanälchen und Gänge in die Gallenblase und von dieser in den Darm. Eine der Hauptaufgaben der Leber ist es, aus dem im Blut gelösten Traubenzucker die tierische Stärke, das Glykogen, aufzubauen und es zu speichern. Weiter bildet sie Substanzen, die für die Blutgerinnung wichtig sind, und entgiftet schädliche, durch Fäulnis entstandene Stoffe. Auch die Umsetzung der Eiweißstoffe erfolgt größtenteils in der Leber, die aus den Endprodukten des Stickstoffhaushaltes den Harnstoff bildet.

Diesen aus dem Körper auszuscheiden ist dann die Aufgabe der Nieren. Sie liegen rechts und links der Wirbelsäule an der hinteren Rumpfwand. In der sog. Rindenschicht der bohnenförmigen Organe befindet sich eine Vielfalt von Knäueln feinster Blutgefäße, die als sehr komplizierte Filter arbeiten. Das Blut des ganzen Körpers fließt auf jedem Kreislauf einmal durch diese Gefäßknäuel hindurch und gibt die in ihm enthaltenen Abfallstoffe, wie Harnsäure und Harnstoff, im sog. Primärharn durch die Wand der Blutgefäße in kleine Kanälchen ab. Damit dem Körper nicht zuviel Flüssigkeit verlorengeht, wird ein Teil des Primärharnes in den Kanälchen bereits wieder zurückresorbiert. Der fertige Harn gelangt dann über größere Kanäle ins Nierenbecken und durch die Harnleiter in die Blase.

Was aber geschieht mit den Stoffen, die der Körper verwenden kann und also nicht ausscheiden muß? Sie gelangen, wie wir bereits sahen, durch den Darm in die Blutflüssigkeit und werden mit dem Blutstrom zu den Geweben, wo sie als Energielieferanten oder Baustoffe dienen sollen, gebracht. In den dünnwandigen Kapillaren sickert die mit Nährstoffen beladene Blutflüssigkeit durch die feinen Lücken der Gefäßwände hindurch in die Gewebsspalten; hier werden die Nährstoffe dann an die Zellen abgegeben.

# DAS GEHIRN UND DIE NERVEN

Obwohl wir bei unseren Überlegungen über das Herz ausdrücklich auf die Gefahr hingewiesen haben, die aus einer zu strikten Trennung von Körper und Geist erwachsen kann, bleibt eines doch unbestritten: Das, was den Menschen zum Menschen macht und ihn von allen Tieren unterscheidet, ist sein so stark entwickeltes Gehirn, die anatomische Grundlage für seine hohe Geistigkeit. Selbst die am höchsten stehenden Tiere, die Menschenaffen, haben ein wesentlich kleineres Gehirn als der Mensch. Wie groß dieser Unterschied ist, verstehen wir, wenn wir die Schädel von Menschen und Menschenaffen vergleichen. Beim Gorilla beispielsweise faßt sein Innenraum, der ja von dem Gehirn ausgefüllt wird, etwa 600 Kubikzentimeter, beim heutigen Menschen dagegen 1300 bis 1500 Kubikzentimeter. Die Vormenschen nahmen auch hinsichtlich der Gehirngröße eine Zwischenstellung zwischen den Menschenaffen und Menschen ein.

Aber nicht nur die Größe spielt eine Rolle, auch die Differenziertheit und die Zahl der Verbindungen von Nervenzellen. Wir erinnern uns daran, daß beim Neugeborenen die Entwicklung des Gehirns nicht abgeschlossen ist, sondern noch bis zum Ende des zweiten Lebensjahres anhält. Das zeigt uns, wie vielfältig die „Schaltungen" von Nervenzellen im Gehirn sein müssen und daß sie beim Menschen unendlich viel mehr als beim Tier von den Eindrücken, die das junge Lebewesen aus der Außenwelt gewinnt, beeinflußt werden.

Daß die Rolle, die das Gehirn als denkendes, die Eindrücke miteinander verbindendes Organ spielt, beim Menschen eine so große ist, wird uns deshalb vor allem dann verständlich, wenn wir das Bild vom Hirn eines Menschen mit den Bildern von Gehirnen weniger hoch entwickelter Wirbeltiere, einer Taube beispielsweise oder eines Krokodils, vergleichen. Die uns als für das Gehirn charakteristisch bekannten Hirnwindungen fehlen hier ganz. Wir sehen nur zwei glatte Hirnhälften, die sog. Hemisphären. In ihnen laufen die „Denkvorgänge" ab, die naturgemäß bei den weniger hoch entwickelten Wirbeltieren noch keine große Rolle spielen. Bei ihnen sind im Verhältnis zum Vorderhirn andere Hirnteile, etwa das Zwischenhirn oder das Mittelhirn, sehr viel stärker ausgebildet. Hier, in den stammesgeschichtlich älteren Teilen, werden die physiologischen und instinktgebundenen Vorgänge im Organismus gesteuert, z.B. Essen und Trinken, Schlafen und Wachen, die Aggressionen und das Fortpflanzungsverhalten. Auch beim Menschen sind diese Hirnteile noch vorhanden und haben gewisse Aufgaben, denn wir sind ja trotz unserer geistigen Überlegenheit immer auch noch Wirbeltiere mit einem reichen Repertoire an biologischen Reaktionen. Sie laufen wie bei unseren tierischen Verwandten ab, auch wenn wir sie viel stärker durch unseren Willen beeinflussen können.

Schon bei den Vögeln, besonders aber bei den Säugetieren und am stärksten ausgeprägt beim Menschen, wird das Vorderhirn vor allem zur Großhirnrinde, die wie ein dicker Mantel alle anderen Hirnteile einhüllt. In dieser Rindenzone spielen sich die höchsten geistigen Prozesse ab. Sie besteht aus marklosen, sog. „grauen" Nervenfasern, die darunter liegenden Teile des Gehirns dagegen aus markhaltigen Fasern, der „weißen" Nervensubstanz. Da die glatte Großhirnrinde, wie wir sie noch beim Hirn der Taube sahen, für die große Zahl von Nerven und Nervenverbindungen, die für die wesentlich vielfältigeren Assoziationen und Denkprozesse von Säugetieren und Menschen gebraucht werden, nicht mehr ausreichte, vergrößerte sie sich während der stammesgeschichtlichen Entwicklung durch Faltungen und Furchungen. Diese Hirnwindungen sind uns aus Abbildungen vom menschlichen Gehirn vertraut.

Durch Versuche an Affen, bei denen verschiedene Bezirke der Großhirnrinde elektrisch gereizt und dann die Reaktionen der Tiere beobachtet wurden, und durch das Studium der Ausfallserscheinungen bei hirnverletzten Menschen konnten auf der Großhirnrinde etwa 250 Rindenfelder abgegrenzt werden, von denen jedes für die Verarbeitung anderer Sinneseindrücke oder Empfindungen, für bestimmte Bewegungen und Antriebe, für Rechnen oder Schreiben, für das Namensverständnis oder für die Wortbildung verantwortlich ist. Jedes Feld hat einen charakteristischen Gewebeaufbau; untereinander sind die Felder durch Leitungsbahnen verbunden, die die Bildung von Assoziationen ermöglichen.

Die beiden Hälften des Großhirns sind bei den weniger hoch entwickelten Tieren nur in der Nähe des Zwischenhirns durch querlaufende Faserzüge, die sog. Kommissuren, miteinander verbunden. Besonders bei den höheren Säugetieren nimmt eine dieser Kommissuren jedoch an Umfang mächtig zu und bildet eine Verbindung, die der Balken genannt wird. Eine seit längerem bekannte Erscheinung, die der Forschung aber immer noch Rätsel aufgibt, ist die Tatsache, daß die beiden Hirnhälften nicht gleichmäßig an den geistigen Leistungen des Menschen beteiligt sind. Während die verbalen und logischen Denkprozesse vor allem in der linken Hemisphäre ablaufen, ist die rechte Hälfte stärker für die Gestaltwahrnehmung, für das Erkennen von Formen oder Melodien etwa, „zuständig". Durch den Austausch über den Balken ergänzen sich die Aktivitäten beider Hirnhälften zu einer sinnvollen Einheit. Nur bei Menschen, bei denen der Balken – beispielsweise bei einer Operation – durchtrennt wurde, beobachtet man das merkwürdige Krankheitsbild, daß rechte und linke Hemisphäre unabhängig voneinander arbeiten und die „eine nicht weiß, was die andere tut".

Nach hinten, dem Nacken des Menschen zu und teilweise vom Großhirn überlagert, liegt das Kleinhirn; es hat die Aufgabe, das Gleichgewicht zu erhalten und den Erregungsablauf für die Muskelbewegungen zu regulieren. Wie wir bereits erwähnten, befinden sich beim Menschen die Hirnteile, in denen vor allem die physiologischen Vorgänge im Organismus gesteuert werden, unter dem großen Mantel der Großhirnrinde. Aus ihnen – den stammesgeschichtlich älteren Teilen – geht das sog. „verlängerte Mark" hervor, das den Übergang zum Rückenmark bildet. Hier „entspringen" auch die 12 paarigen Gehirnnerven, aber auch Nerven, die die Bewegung der Augen oder der Gesichtsmuskulatur steuern.

Das Rückenmark, das das „verlängerte Mark" in den Körper hinein fortsetzt, ist ein starker Nervenstrang, der an der Wirbelsäule entlang verläuft. Die Wirbel sind von Natur aus so konstruiert, daß sich über dem Wirbelkörper ein Loch befindet. Die Löcher aller Wirbelkörper bilden aneinandergereiht zusammen einen Kanal, in dem das Rückenmark verläuft; der Wirbelkanal gibt ihm einen gewissen Halt und schützt das Mark vor mechanischen Beschädigungen. Vom Rückenmark aus werden die anderen Teile des Körpers mit motorischen und sensiblen Nerven versorgt, das heißt solchen, die die Bewegungen der Muskulatur steuern, also „Befehle" zur Aktion von der Zentralstelle – vom Gehirn oder auch vom Rükkenmark selbst – an die Peripherie tragen und solche, die die Meldung über Sinneseindrücke zurück zum Zentrum bringen.

Am Rückenmark können wir sehr gut auch eine Erinnerung an unsere fischförmigen oder sogar noch älteren – wurmähnlichen – Vorfahren in der Stammesgeschichte wach werden lassen. So wie diese Tiere in Segmente, in aneinandergereihte Muskelpakete oder -ringe eingeteilt sind, so entspringen aus dem Rückenmark gewissermaßen segmentweise jeweils zwischen zwei Wirbeln 32 Paare von Rückenmarksnerven und versorgen von dort aus den Körper.

Diese „Versorgung" des Organismus mit Nerven ist die Voraussetzung dafür, daß das lebensnotwendige Zusammenspiel von Knochen und Muskeln, von Drüsen und Organen überhaupt zustande kommt. Die Nerven sind wie Telegraphendrähte, über die Meldungen an eine oberste Zentrale geleitet und Anordnungen von dieser an die ausführenden Organe gesandt werden. Damit dieses „Meldesystem" gut funktioniert, muß es schnell sein. Von seiner Geschwindigkeit kann unter Umständen Leben oder Tod eines Organismus abhängen, etwa wenn ein Beutetier rasch auf den Anblick eines Räubers reagieren, alle Muskeln aktivieren und fliehen muß. Zu den schnellsten physikalischen Vorgängen gehören die elektrischen, und es scheint, daß die Natur ein guter Physiker ist, denn sie hat für den Übermittlungsprozeß die Methode der Elektrizität gewählt.

Nervenzellen bestehen aus einem Zelleib und einigen verzweigten Fortsätzen, von denen einer meist besonders lang ist. Diese langen Fortsätze können – wie wir bereits sahen – mit anderen ihrer Art zu Nerven vereint, aus dem Gehirn oder dem Rückenmark austreten. Zwischen dem Inneren der Nervenfaser, die von einer zarten Membran umgeben ist, und ihrer Oberfläche besteht eine elektrische Spannung: Das Innere ist negativ, die Oberfläche positiv geladen. Diese Spannung bleibt unverändert bestehen, solange sich die Nervenfaser im

Ruhezustand befindet. Wird sie durch einen Reiz erregt, so kommt es zu einem plötzlichen Spannungsausgleich, zu einer Umpolung, so daß die Faser innen positiv und außen negativ wird. Diese Umpolung wirkt wie der Impuls eines Stromstoßes. Man nennt ihn das Aktionspotential. Er pflanzt sich rasch entlang der Nervenfaser fort. Die Geschwindigkeit der Nervenleitung kann beim Menschen 120 Meter in der Sekunde erreichen, das sind – umgerechnet – mehr als 400 Kilometer in der Stunde.

# DIE SINNESORGANE

Doch weder das gute „Meldesystem“ des Nervennetzes noch sein verhältnismäßig großes und differenziertes Gehirn könnten dem Menschen etwas nützen, wenn ihm nicht die Sinnesorgane als Vermittler einen Austausch mit der Umwelt möglich machten. Sie spielen dabei aber keineswegs eine passive Rolle, sondern arbeiten in hohem Grade selektiv, da sie jeweils nur einen Teil der auf den Organismus treffenden Informationen weitergeben. Wir können annehmen, daß unsere Sinnesorgane vor allem jene Reize vermitteln, die im Laufe unserer stammesgeschichtlichen Entwicklung eine besondere, das Überleben sichernde Rolle für unsere tierischen Vorfahren spielten. Denn wir haben auch im Bau und in der Funktion unserer Sinnesorgane Grundlegendes von ihnen geerbt: Das Ohr eines Hundes beispielsweise arbeitet in gleicher Weise wie das unsere, auch wenn es viel empfindlicher ist; das Auge eines Äffchens ist für dieses zu unseren nächsten Verwandten gehörende Tier genauso das wichtigste Sinnesorgan wie für uns Menschen.

Es ist nach wie vor ein Geheimnis, warum ein großer Teil der Pflanzen und Tiere mit einer solchen Farb- und Formenpracht ausgestattet ist, denn wir wissen, daß viele Ereignisse der Umwelt eines Tieres für sein Überleben gar nicht wichtig sind. Damit nicht zuviel kostbare Energie für die Verarbeitung aller von der Außenwelt stammenden Eindrücke verbraucht wird, hat die Natur den Lebewesen einen „Filter“ mitgegeben, der gewissermaßen schon eine Vorentscheidung darüber trifft, auf welche Reizsituation der Körper überhaupt reagieren soll. Auch wir Menschen haben diesen Filter. Er funktioniert dadurch, daß die Nerven unserer verschiedenen Sinnesorgane – Gesicht und Gehör, Geschmacks-, Geruchs- und Hautsinne – nur auf ganz bestimmte Bereiche der für sie adäquaten Reize reagieren. Dieser Bereich stimmt keineswegs immer mit dem überein, den andere Tiergruppen als Sinneseindrücke verarbeiten können. Wir Menschen sehen beispielsweise vom Spektrum der elektromagnetischen Lichtwellen den Bereich zwischen Rot und Violett, die Bienen sehen das Rot nicht mehr, dafür aber noch über das Violett hinaus das Ultraviolett. Es ist für sie wichtig, weil sie sich auf ihren Flügen auch nach der Ultraviolettstrahlung des Himmels orientieren. Für uns Menschen, die wir andere Orientierungsmöglichkeiten haben, ist das ultraviolette

Licht dagegen ohne Bedeutung, und wir brauchen es deshalb nicht zu sehen. Beim Gehör sind uns mehrere durchaus nicht miteinander verwandte Tiergruppen wie die Fledermäuse oder die Delphine in der Wahrnehmung von sehr hohen Schallfrequenzen überlegen. Sie brauchen diese hohen Frequenzen zur Orientierung durch die Echolotung. Die Tatsache, daß wir sie als „Ultraschall" bezeichnen, beweist, daß sie „jenseits" des von uns gehörten Schalles liegen.

Die Sinnesorgane haben – so unterschiedlich sie uns auch in ihrem Aufbau erscheinen mögen – alle ein mehr oder weniger übereinstimmendes Funktionsprinzip: Sie bestehen aus den Sinneszellen, das heißt aus Nervenzellen, die auf die Aufnahme eines bestimmten Reizes spezialisiert sind. Im Auge sind es die Zellen der Netzhaut, im Ohr die Hörzellen des Cortischen Organs in der Schnecke, beim Geschmack die Sinneszellen der Geschmacksknospen, beim Geruch die Rezeptoren im oberen Teil der Nasenhöhle. An sie schließen andere Nervenzellen an, die die Information aus den Sinneszellen in einer Art Code von Aktionspotentialen an das Gehirn weitergeben. Wie wir bereits gesehen haben, gibt es in der Großhirnrinde verschiedene Bezirke, die jeweils für die Verarbeitung ganz bestimmter Sinneseindrücke verantwortlich sind. So kennen wir einen als „Sehrinde" bezeichneten Teil, der aus den als Code verschlüsselten Informationen visuelle Eindrücke erarbeitet, und für andere Sinne entsprechende Bezirke. Daß es auf dem Weg zwischen Sinnesorgan und Großhirn noch eine Reihe von „Schaltstellen" für die Nervenleitungen geben kann – ein Teil von ihnen an verschiedenen Stellen der stammesgeschichtlich älteren Hirnregionen –, braucht uns hier nicht zu interessieren. Das Prinzip: Aufnahme durch die Sinneszellen – Vermittlung der Information – Verarbeitung im Gehirn, bleibt überall das gleiche.

Auch die Bedingungen, die eine Voraussetzung dafür sind, daß überhaupt eine Reaktion in einem der Sinnesorgane auftritt, stimmen mehr oder weniger bei allen überein. So muß der Reiz, der für eine Antwort der Sinneszellen notwendig ist, eine gewisse Stärke haben. Man nennt diese Reizstärke, die bei einem Organ nötig ist, um eine wahrnehmbare Empfindung auszulösen, den Schwellenwert eines Reizes. Eine „niedere Schwelle" bedeutet große Empfindlichkeit; schon ein kleiner Reiz wird wahrgenommen. Eine „hohe Schwelle" ist gleichbedeutend mit einer geringen Empfindlichkeit. Die Schwellenwerte haben naturgemäß eine obere Grenze, oberhalb deren ein Reiz überhaupt nicht mehr wahrgenommen wird, und eine untere, unterhalb deren der Reiz zerstörend auf die Nervenzellen wirkt – ein blendendes Licht etwa oder ein überlauter Schall. Innerhalb dieser beiden Grenzen liegt eine Vielfalt von abgestuften Schwellenwerten, die in hohem Maße von individuellen Faktoren, von momentanen Stimmungen, von den Anforderungen der Situation oder auch vom körperlichen Befinden des einzelnen abhängig ist.

Ein Kranker empfindet Lärm störender als ein Gesunder. Eine Mutter wird vom leisesten Weinen ihres Kindes geweckt, schläft aber ruhig über den Straßenlärm draußen hinweg. Der Geruch eines Kornfeldes weckt lebhaft die Erinnerung an unsere Kindheit auf dem Lande; den Geruch von Benzin und Abgasen in der Großstadt, in der wir jetzt leben, nehmen wir kaum mehr wahr. Der Druck, den unsere Hand auf das Lenkrad des Autos ausübt, ist uns zur Alltäglichkeit geworden, während wir Gott sei Dank jede noch so leichte Berührung der Zärtlichkeit dankbar empfinden. Die Eindrücke, die unsere Sinnesorgane aufnehmen und unser Gehirn verarbeitet, machen uns mehr als alles andere nicht nur zum Menschen schlechthin, sondern auch zu der einen einzigen Person, die wir selbst sind. Denn unsere persönliche Aufgabe bleibt es, die Welt, die wir wahrnehmen, auch zu interpretieren. Nur so können wir die Möglichkeiten, die uns unser Körper zum wirklichen Menschsein gibt, mit seinem Bedürfnis nach Erkennen, nach Schönheit, nach Verstehen und Liebe, voll ausschöpfen, um vielleicht einmal mit Lynkeus, dem Türmer, sagen zu können: „Ihr glücklichen Augen, was je ihr gesehen, es war wie es wolle, es war doch so schön.“

# GLOSSAR

**Aktionspotential.** Elektrische Spannungsschwankungen in Zellen oder Geweben.

**Aminosäuren.** Organische Säuren; einige sind Bausteine der Eiweiße, aus denen sie durch Abbau mit Säuren oder Fermenten gewonnen werden können.

**Amnion.** Fruchtwasserhaut; innerste Embryonalhülle. Umschließt als dünnwandiger Sack die mit Fruchtwasser erfüllte Amnionhöhle, in der der ↗Embryo liegt.

**Antikörper.** Schutzstoffe im Blut von Eiweißcharakter. Ihre Bildung ist von der Aufnahme des zugehörigen Antigens (eines körperfremden Stoffes) abhängig.

**Azetylcholin.** Körpereigener Stoff, der bei der Reizung der parasympathischen Nerven entsteht und schon in winzigen Mengen die oberflächlichen Blutgefäße erweitert, den Blutdruck senkt und die Darmbewegungen beschleunigt. Da das Azetylcholin von dem im Blut befindlichen Ferment Cholinesterase rasch ausgespalten wird, ist seine Wirkung nur kurzfristig.

**Bakterien.** Spaltpilze; mikroskopisch kleine Lebewesen ohne ausgeprägten Zellkern, aber mit unscharf begrenztem Chromatingerüst. Durchmesser meist 1/1000 mm. Zahlreiche Arten durch Geißeln zeitweise beweglich. Vermehren sich durch Querspaltung. Bilden oft widerstandsfähige Dauersporen. Nach der Gestalt werden Kugel-Bakterien (Kokken), Bazillen (stäbchenförmig mit Sporen), Bakterien (stäbchenförmig ohne Sporen), Vibrionen (Stäbchen kurz, schraubenförmig), Spirillen (länger, schraubenförmig) und Spirochäten (korkenzieherartig) unterschieden. Krankheitserregende Bakterien, die in die Blutbahn des Menschen gelangen, scheiden dort Giftstoffe aus. Pilz-Bakterien *(Actinomycetales)*, mit den Strahlenpilzen *(Actinomycetes)* sind medizinisch von großer Bedeutung. Aus *Streptomyces griseus* wird ein Streptomycin gewonnen. Zu den Pilz-Bakterien gehören auch der Erreger der Lepra und der Tuberkelbazillus. Die Spirochäten *(Spirochaetales)* sind lebhaft, schlangenartig beweglich. Hierzu gehört der Erreger der Syphilis und des Rückfallfiebers. – Wichtig sind Bakterien, die eine Gärung hervorrufen. Andere sind Symbionten, z. B. das im menschlichen Dickdarm lebende *Bacterium coli*, das Kohlenhydrate unter Säure- und Gasbildung zersetzt. Bakterien sind allgegenwärtig; so sind z. B. in 1 $m^3$ Großstadtluft 500–1500, in 1 ml Trinkwasser bis 100 Bakterien enthalten.

**Chromosom.** Kernfaden; im Zellkern der Lebewesen stets vorhandene, selbständige, fädige Gebilde. Chromosomen bilden im normalen Arbeitskern das Kerngerüst und nehmen bei der Kernteilung stäbchen-, kugel- oder V-förmige Gestalt an. Auf den Chromosomen liegen die ↗Gene; ihre Zahl ist in allen Zellen aller Individuen einer Art konstant.

**Desoxyribonucleinsäure.** (DNS), hauptsächlich im Zellkern vorkommende ↗Nucleinsäure; Träger der genetischen Information. Ihre Verwirklichung führt nach den heutigen Kenntnissen zur Bildung spezifischer Eiweiße, den ↗Enzymen (Genwirkung).

**Embryo.** Der aus der befruchteten Eizelle durch Teilung, Differenzierung und Wachstum hervorgehende Keim, eingebettet im mütterlichen Körper. Die Embryonalentwicklung endet mit der Geburt.

**Enzyme.** Fermente, die im Organismus als Katalysatoren an fast allen chemischen Umsetzungen, d. h. den Stoffwechselvorgängen, beteiligt sind, indem sie die für jede Reaktion notwendige Aktivierungsenergie herabsetzen und so eine Reaktion beschleunigen oder erst ermöglichen.

**Evolution.** Im Laufe der Erdgeschichte stattgefundene Entwicklung der Organismen zur heutigen Mannigfaltigkeit.

**Exkretion.** Ausscheidung von Stoffen, die für den Körper nicht mehr verwendbar oder sogar schädlich sind.

**Extremitäten.** Gliedmaßen.

**Fetus.** Fortgeschrittener ↗Embryo, vom dritten Monat der Embryonalentwicklung an.

**Gen.** Erbanlage. Gene sind ausgedehnte, eindimensionale Abschnitte eines ↗DNS-Fadenmoleküls, in denen verschiedene punktförmige ↗Mutationen und Neukombinationen erfolgen können; die verschiedenen Genformen heißen Allele.

**Genetischer Code.** Erbgutverschlüsselung, die in den Erbfaktoren enthaltene genetische Information.

**Keratin.** Gerüsteiweiß mit 3–5% Schwefelgehalt; Hauptbestandteil abgestorbener Teile der Oberhaut. Keratin findet sich u. a. in Haaren und Nägeln.

**Kinderlähmung.** Poliomyelitis; Infektionskrankheit des Zentralnervensystems, meist des Rückenmarks. Einzig wirksame Vorbeugung ist die Impfung.

**Kohlenhydrate.** Zucker, die mit Fett und Eiweiß die Ernährungsgrundlage bilden.

**Kugelgelenk.** Völlig frei bewegliches Gelenk (z. B. Schulter- oder Hüftgelenk).

**Mitose.** Indirekte Kernteilung; die der Zellteilung vorausgehende Teilung des Zellkerns, bei der nach identischer Verdoppelung der genetischen Information (↗Desoxyribonucleinsäure) durch Längsspaltung der Chromosomen die Chromosomenspalthälften mit Hilfe eines Spindelmechanismus regelmäßig auf die beiden Tochterkerne verteilt werden.

**Mutation.** Erbänderung; Entstehung einer erblichen Variante oder eines abgeänderten Erbmerkmals (Mutante), entweder durch chemische Veränderungen in den ↗Genen oder durch Abwandlung der ↗Chromosomen. Die Mutationshäufigkeit für ein bestimmtes Einzelgen wird auf 0,00005 bis 0,005% der Keimzellen geschätzt,

doch gibt es auch hochgradig labile Gene mit einer Mutationsrate von über 1%. Im Durchschnitt wird bei 1% der jeweiligen Nachkommen irgendein Gen mutiert sein.

**Nucleinsäuren.** Kernsäuren; große, organische Moleküle, die sich dank ihrer besonderen Struktur bei der Weitergabe der genetischen Information identisch koppeln können.

**Pepsin.** Ein ↗Enzym des Magensaftes, das in Gegenwart von Salzsäure oder bereits vorhandenem Pepsin aus dem von der Magenschleimhaut abgesonderten Pepsinogen gebildet wird.

**Physiologie.** Lehre von den Lebensvorgängen; befaßt sich vor allem mit der Auffindung von Gesetzmäßigkeiten bei den verschiedenen Funktionsabläufen (z. B. Stoffwechsel, Stofftransport, Reizaufnahme, Erregungsleitung).

**Placenta.** Mutterkuchen; hochdifferenziertes, schwammartiges Organ, das während der Schwangerschaft den Sauerstoff-, Kohlensäure-, Nährstoff- und Schlackenaustausch zwischen Mutter und Kind besorgt; mütterlicher und kindlicher Kreislauf bleiben dabei völlig getrennt, der Stoffaustausch findet durch die Kapillarwände der Placentazotten statt. Die Placenta wird im Anschluß an die Geburt als Nachgeburt ausgeschieden.

**Rachitis.** Englische Krankheit, eine durch Vitamin-$D_2$-Mangel verursachte Störung des Phosphor-Kalk-Stoffwechsels und der Knochenbildung. Die Vorstufe des Vitamin $D_2$ (antirach. Schutzstoff), das Ergosterin, wird mit der Nahrung aufgenommen und normalerweise in der Haut durch natürliche ultraviolette Strahlung in Vitamin $D_2$ umgewandelt. Bei der Rachitis bleiben die Knochen weich und verkrümmen sich mangelnder Belastungsfähigkeit (O-Beine, Buckel).

**Resorption.** Aufnahme gelöster oder durch fermentative hydrolytische Spaltung weitgehend abgebauter unlöslicher Nährstoff durch die Epithelien (vor allem Darmepithelien) der Organismen.

**Rezeptoren.** Sinneszellen verwandeln einen meist spezifischen Reiz in eine ableitbare Erregung.

**Ribosomen.** Winzige, zweiteilige Partikel in Cytoplasma (Hauptmasse des Protoplasmas), Plastiden, Mitochondrien und Kernen. Die wichtigsten Orte der Eiweißsynthese.

**Scharniergelenk.** Bewegung des Gelenkes beschränkt sich auf eine einzige Richtung (z. B. Kniegelenk).

**Sekrete.** Meist flüssige Stoffe, die in Körperhöhlen oder an der Körperoberfläche von Drüsen ausgeschieden werden.

**Spurenelemente.** Mineralstoffe, die von den Organismen nur in sehr geringer Menge benötigt werden und normalerweise ausreichend in der Nahrung (bzw. im Boden) vorhanden sind; völliger Mangel ruft schwere physiologische Schäden hervor; z. B. verursacht Jodmangel Kropfbildung.

**Viren.** Meist nur im Elektronenmikroskop sichtbare, vorwiegend stäbchen- oder kugelförmige Gebilde aus Eiweiß- und ↗Nucleinsäuremolekülen, die lebende Zellen befallen, hier vermehrt werden und dabei vielfach seuchenhaft verlaufende Krankheiten erzeugen.

**Vitamine.** Gruppe von chemisch sehr verschiedenen organischen Substanzen, die in Spuren für den Ablauf des normalen Stoffwechsels unentbehrlich sind; sie können vom menschlichen Körper meist nicht selbst synthetisiert werden. Fehlen Vitamine, treten Mangelerkrankungen auf. Man unterscheidet fettlösliche (A, D, E, K) und wasserlösliche (C, $B_1$, $B_2$-Komplex, $B_6$, $B_{12}$) Vitamine.